普通高等教育"十二五"系列教材

自动化专业概论

（第二版）

韩　璞　王建国　编著

吴惕华　主审

中国电力出版社

CHINA ELECTRIC POWER PRESS

内 容 提 要

本书是自动化专业学生的入门教程，以电力行业为背景，通过对火电厂生产过程及其自动化的论述，使学生了解自动化专业。本书论述了自动控制系统的组成原理、自动化领域的主要内容、自动化技术的应用领域，涵盖了自动化纵横、上下、内外各个方面的问题。对自动化专业的培养方案、自动化专业学生的学习与就业也做了详细的论述。本书为再版书，与第一版相比，通过几年的使用，重新规划了体系结构，使得内容更全面、结构更合理。

本书可作为各高等院校自动化专业的本科教材，也可作为高职高专院校和函授、培训教材，还可供对自动化专业知识感兴趣的读者参考阅读。

图书在版编目（CIP）数据

自动化专业概论/韩璞，王建国编著. —2 版. —北京：中国电力出版社，2011.12
（2023.2 重印）

普通高等教育"十二五"规划教材

ISBN 978 - 7 - 5123 - 2285 - 1

Ⅰ.①自...　Ⅱ.①韩...②王...　Ⅲ.①自动化技术－高等学校－教材　Ⅳ.①TP2

中国版本图书馆 CIP 数据核字（2011）第 220945 号

出版发行：中国电力出版社
地　　址：北京市东城区北京站西街 19 号（邮政编码 100005）
网　　址：http://www.cepp.sgcc.com.cn
责任编辑：雷　锦（010－63412530）
责任校对：黄　蓓　常燕昆
装帧设计：赵丽媛
责任印制：吴　迪

印　　刷：北京雁林吉兆印刷有限公司
版　　次：2007 年 1 月第一版　2011 年 12 月第二版
印　　次：2023 年 2 月北京第十二次印刷
开　　本：787 毫米×1092 毫米　16 开本
印　　张：9.25
字　　数：223 千字
定　　价：32.00 元

前 言

当我们结束中学时代，怀着渴望求知的心情踏入大学校门时，总会想到这样一些问题，我们的专业学什么？将来毕业后干什么？在大学里怎样才能学习好？我们专业在学科里是什么样的位置？我们所在的大学怎样，等等。自动化专业概论这门课就是为解答这些问题而开设的。通过对这门课的学习，使学生的学习目的性更明确，学习更主动，以取得更优异的成绩，从而早日成为国家建设的栋梁之材。

自动化的由来已久，它是随着人类的发展而发展的。在古代人类就试图用装置来代替人的劳动，只是到了 20 世纪，才有了自动化学科，有了控制论。特别是 20 世纪 80 年代微型计算机的出现，使得自动化技术渗透到人类社会的每一个角落，在工业、农业、军事、交通、商业、医疗、服务及家庭生活等方面，自动化都扮演着重要的角色。由于自动化所涉及的学科和应用领域很广，在有些发达国家的大学里，已不单设自动化专业，而是把它融入其他学科里。

根据我国的国情以及我国的教育体制，我们国家专门设置了自动化专业，到目前为止，我国有自动化专业的本科高校达 300 余所。同时，许多学校的自动化专业又都有自己的行业背景。进入 20 世纪 80 年代以来，为适应国民经济建设和科学技术发展的需要，进一步拓宽专业口径，各高校将原有的多个自动化类专业，诸如自动控制、生产过程自动化、工业电气自动化、化工自动化、热工测量及其自动化等，合并为新的工业自动化专业和自动控制专业。1998 年，为适应国家经济建设对宽口径高等教育人才培养的需要，又进一步合并为一个自动化专业。

华北电力大学和东北电力大学都是面向电力行业的院校，她们所培养的学生大多数毕业后服务于电力系统。这是两所非常具有行业特色的学校，特别是自动化专业的学生毕业后主要从事与电力生产自动化密切相关的工作。因此，我们依托电力行业背景撰写此书，力求使有电力行业背景的自动化专业的学生，能通过本书容易而快速地熟悉电力生产过程自动化以及自动化专业。

本书不仅是自动化专业学生的入门书，也是高年级学生选择专业课时的参考书。通过本书也能使学生对所学课程、对该课程与其他课程之间的关系有一个概况的了解。

本书第一版是在华北电力大学韩璞教授和东北电力大学王建国教授讲授多年的讲稿基础上完成的。本次再版对某些章节进行了调整和删改，使得书的内容更全面、结构更合理。

本书的第一至四章由韩璞教授编写，第五至七章由王建国教授编写。本书由韩璞统稿，由河北省科学院吴惕华教授担任主审。吴惕华教授在审稿过程中，花费了大量的精力，逐字逐句地阅读了本书，提出了许多宝贵的修改意见和建议，在此向吴教授致以诚挚的谢意。

本书部分内容引用了国内外专家、学者的论文和著作，都在本书的参考文献中列出，在此谨向他们致以诚挚的谢意。

由于不同行业背景的人士对自动化的概念有不同的认识，加之作者水平有限，论述方面可能有片面性，错误之处诚望读者指正。

作者电子邮箱地址：hanpu@ncepubd.edu.cn。

编 者

2011 年 10 月

目　　录

第一章　概　　述

第一节　自动化与自动控制

在远古时代，人类就用石器作为工具进行生产活动，以减轻自己的劳动强度。但这些石器并没有使人类进入自动化，因为人们必须用这些工具自己去完成所要做的工作。但从那时起，人类试图用一种工具或一种装置来自动完成人类自身的工作的愿望已经出现。因此，古代人类利用自己在长期的生产和生活中积累的经验和知识，逐渐利用自然界的动力（风力、水力等）来代替人力、畜力，以及用装置代替人的脑力活动和对自然界的控制。

人类研制和使用最早的自动装置是自动计时装置——刻漏，它是由中国和巴比伦人发明的。几千年来，我国人民在自动化方面有过卓越的贡献，如在三国时期使用了自动指示方向的指南车，北宋时期发明的水运仪象台。

公元 1 世纪古埃及和希腊的发明家也创造了教堂庙门自动开启、铜祭司自动洒圣水、投币式圣水箱等自动化装置。

近代的自动装置更是数不胜数。例如用于抽水灌溉的风车是利用自然风推动风车转动，从而达到抽水的目的。1642 年法国物理学家发明了加法器；1657 年荷兰机师发明了钟表；俄国机械师在 1765 年发明了蒸汽锅炉水位保持恒定用的浮子式阀门水位调节器；在 20 世纪 20 年代后期，Bush 发明了机械式的微分方程解算器，即机械式计算机。人们现在使用的抽水马桶就是一种浮子式保持水箱水位的自动装置。

由此看来，自动化是伴随人类的发展而发展的，人类文明越进步，自动化程度就越高，自动化已成为衡量人类文明进步程度的重要标志。

现在可以给自动化的基本概念做一描述：自动化是指机器或装置在无人干预的情况下按规定的程序或指令自动地进行操作或运行。

自动化技术的应用是非常广泛的，几乎渗透人类社会的每一个角落，在工业、农业、军事、交通、商业、医疗、服务以及家庭等方面，自动化都扮演着重要的角色。自动化不仅可以把人从繁重的体力劳动以及恶劣、危险的工作环境中解放出来，而且能充分调动人的潜在能力，使人类能更好地认识世界和改造世界，从而推动人类文明的快速发展。

与自动化密切相关的一个术语是自动控制，两者既有联系，又有一定的区别。

在人类社会中，人类为了更好地生存，对自然界进行改造并加以控制，使其达到为人类服务的目的。也就是说，自动控制是通过人造装置或人类为了约束自己的行为而制定的政策和法规，来对人造系统和非人造系统进行控制，从而达到人所期望的目标。而自动化仅仅是按预先给定的程序或指令完成某种操作，对于社会、经济、生物、环境等非人造系统的控制问题则不属于其研究范畴。不过，由于人们提到的自动控制常指工程系统的控制，所以，人们习以为常地将自动控制与自动化视为同义。

但是，自动化与自动控制还是有差别的，主要在于：

（1）自动化：适用于人造系统，强调自动操作和运行。

（2）自动控制：适用于人造和非人造系统，强调使系统达到一种人们所希望的目标。

第二节 一些名词和术语

本节简要地介绍自动化专业的学生在今后学习本专业课程时遇到的一些重要的名词和术语。

一、系统

系统（System）是指由相互关联、相互制约、相互影响的一些部分组成的、具有某种功能的有机整体。系统可以由"实物"组成，也可以由"非实物"组成。例如，我们每天使用的输电系统就是由实物组成的一个系统；人们为了规范自己的行为制定的各种法律法规就是由非实物组成的法律系统；而为了执行这些法律，必须有执法机构，这样构成的系统既有实物又有非实物。系统可大可小，如果构成系统的组成部分本身也是系统，则称其为子系统。对于一个具体的系统，系统以外的部分称为系统环境，系统与系统环境的分界称为系统边界。系统环境对系统的作用称为系统输入，系统对系统环境的作用称为系统输出。系统的构成如图1-1所示。

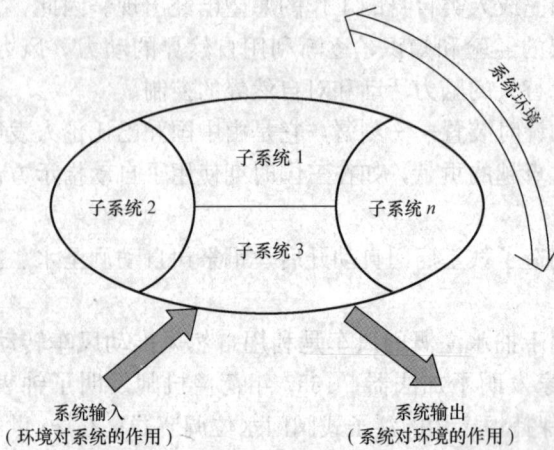

图 1-1　系统的构成

随着科学技术的发展，现在人们所研究的系统越来越大、越来越复杂。例如，人们研究的生物进化、生态环境、输电网络、计算机网络等都是大系统、复杂系统。目前，已有研究大系统和复杂系统的学科——系统工程。

二、信息

信息（Information）是指符号、信号或消息所包含的内容，它是对事物运动状态或存在形式的不确定性的描述。信息普遍存在于自然界、人类社会和人的思维之中。1948年，控制论的创始人维纳在他的著作《控制论》中指出："信息是信息，不是物质，也不是能量"。这样就把信息上升到与物质、能量同等重要的地位，成为当今物质世界组成的三大支柱，即物质、能量、信息。今天，为了更好地利用信息，已经把信息数字化，可以利用计算机对数字化信息进行加工处理，这样的信息称为数字信息。

三、控制

控制（Control）是指为了改善系统的性能或达到特定的目的，通过信息的采集和加工而施加到系统的作用。系统可分为可控系统和不可控系统两大类，前者是指可以通过人为的方法对系统进行干预和控制，后者是指人无法对系统进行干预和控制。

四、数学模型

通常对系统的理解是，能够根据实际过程分析出系统的作用、原理及大致的运动过程。但仅有这种定性分析是不够的，在对系统进行分析、设计与控制时，必须要对系统进行定量的分析，研究出系统中各物理量的变化及相互作用、相互制约的关系。我们可以用数学表达式来描述这些物理量的变化及它们的关系，而把这种数学表达式称为系统的数学模型（Mathematics Model）。选择系统数学模型的过程就称为系统建模。

描述系统的数学模型种类很多，常用的有状态空间、微分方程、差分方程、脉冲响应、传递函数、频率响应模型等。

五、传递函数

控制系统的微分方程，是在时域里描述系统动态性能的数学模型。当给定零初始条件及一个外作用时，求解微分方程可以得到系统的输出响应，定义此时的系统输出的拉氏变换与系统输入的拉氏变换之比为系统的传递函数（Transfer Function）。传递函数是系统数学模型描述的一种。在控制系统分析、设计过程中，传递函数是一种重要的数学工具。

传递函数是复变量函数，它在频域描述系统的动态特性。经典控制理论就是建立在传递函数基础之上的。

六、科学

科学（Science）是指对各种事实和现象进行观察、分类、归纳、演绎、分析、推理、计算和实验，从而发现规律，并对各种定量规律予以验证和公式化的知识体系。科学的任务是揭示事物发展的客观规律，探求真理，作为人们改造世界的指南。科学又分为自然科学和社会科学。自然科学研究的是物质世界，社会科学研究的是人类的精神世界。

科学就是发现。

七、技术

技术（Technology）是指人类根据生产实践经验和自然科学原理改变或控制其环境的手段，是人类在一个专门领域活动经验的总结。

八、工程

工程（Engineering）是指应用科学知识和人类拥有的技术使自然资源最好地为人类服务的一项活动。

工程就是实现。科学和技术都存在于工程之中。

第三节　自动控制系统的基本组成与性能要求

一、控制系统的基本组成

自动控制系统是指在没有人直接参与的情况下，利用外加的设备或装置，使机器、设备或生产过程的某个工作状态或参数自动地按照预定的规律运行。被控制的机器、设备和生产过程称为被控对象（或系统）。

自动控制是在人工控制的基础上发展起来的。图 1-2 所示为水箱水位控制系统的原理图。图中 w 为给水流量，控制的任务就是以一定准确度保持水箱中水位 $h(t)$ 为某一期望（给定）的数值 h_0。

如图 1-2 (a) 所示，在人工控制中，人是通过眼、脑、手这三个器官来进行水位控制的。首先用眼睛观测水箱水位的高低变化，然后用大脑分析比较实际水位是否偏离期望值，若偏离了，则经过思考（运算）按操作经验，指挥手去执行这一命令，调节给水调节阀的开度，从而把水位控制在所期望的数值上。

如图 1-2 (b) 所示，在自动控制中，水箱水位 $h(t)$ 经传感器（代替了人的眼睛）自动测量出来并按一定函数关系转换成 (通常为比例关系) 统一信号 (电流或电压, 一般为 4~20mA 或 1~5V), 与水位给定值 h_0 (希望值) 进行比较, 二者之差送入控制器 (相当于人的大脑)。控制器根据偏差的正负及大小, 发出一定规律的输出信号, 指挥执行器 (相当于人的手) 去操作给水控制阀的开度, 改变给水流量, 从而改变水箱水位。水位的变化由测量变送器测出反馈回来与给定值比较, 控制器根据偏差的正负及大小不断校正执行器的动作, 直到最后水位等于给定值为止。

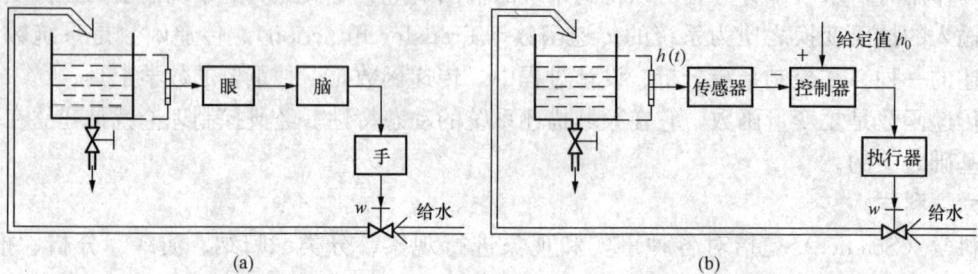

图 1-2　水箱水位控制系统原理图
(a) 人工控制; (b) 自动控制

可见, 一个典型的自动控制系统由下列不同功能的基本部分组成。

(1) 被控对象: 系统所要控制的设备或过程, 它的输出称为被控量, 它的输入称为控制量。所谓被控量就是表征设备或生产过程运行情况或状态并需要加以控制的物理量, 有时也称被控对象为控制对象。

(2) 给定环节: 产生给定输入信号 (希望信号) 的环节。按生产或管理要求, 被控量必须维持在希望值。该值也叫参考输入或设定值 (给定值)。该环节一般含在控制环节中。

(3) 测量环节: 将被控量检测出来并传送给控制环节的装置。在控制系统中该环节也称为传感器。

(4) 比较环节: 其功能是将给定的输入信号 (希望的被控量) 与测量环节得到的被控量实际值加以比较。该环节一般含在控制环节中。

(5) 控制环节: 其功能是根据偏差信号, 决策如何去操作被控对象, 使得被控量达到所希望的目标。这一环节是自动控制系统实现有效控制的核心, 因为要得到正确、有效、优秀的控制决策并不是一件很容易的事情, 它要依据控制系统性能要求, 遵循一定的控制规律, 经过反复推导和设计才能完成。研究控制系统的主要任务就是如何设计控制器, 使系统达到设定的要求。在控制系统中该环节也称为控制器。

(6) 执行环节: 按控制环节的控制决策, 具体实现对被控对象的操作, 如阀门、挡板等。这个操作改变了被控对象的输入, 即控制量。在控制系统中该环节也称为执行器。在画简化的控制系统方框图时, 通常把执行器和传感器合并在被控对象里, 称为广义被控对象。

通过上例中的水位控制可以看出, 自动控制系统是由被控对象、传感器、控制器和执行器四大部分组成。在工业过程中, 为了便于分析并直观地表示系统各组成部分间的相互影响和信号传递关系, 一般习惯上采用原理性框图直观地表示, 如图 1-3 所示。该框图的简化画法如图 1-4 所示。

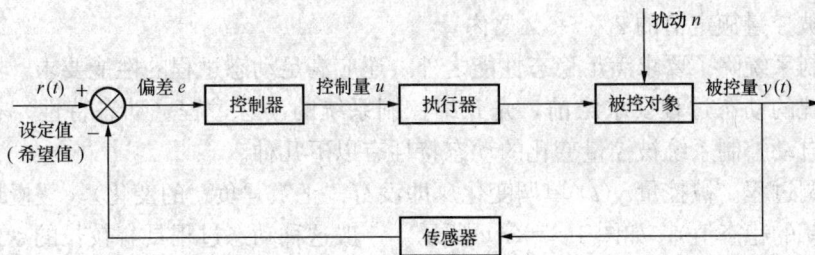

图 1-3　自动控制系统的基本组成原理框图

二、自动控制系统的基本性能要求

当自动控制系统受到各种干扰（扰动 n）或人为要求给定值（希望值 r）改变时，被控量 y 就会发生变化，偏离给定值 r。对于一个理想的控制

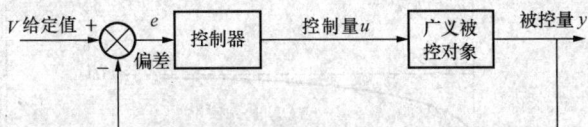

图 1-4　自动控制系统的基本组成原理简化框图

系统来说，当给定值发生变化时，被控量应立即跟随这个变化而变化，如图 1-5 所示。但是，在工程实际中，绝不可能做到这一点。实际上，是通过系统的自动控制作用，经过一定的过渡过程，被控量才恢复到原来的稳态值或稳定到一个新的给定值，如图 1-6 所示。这时系统从原来的平衡状态过渡到一个新的平衡状态，我们把被控量在变化中的过渡过程称为动态过程即随时间而变的过程，而把被控量处于平衡状态时称为静态或稳态。

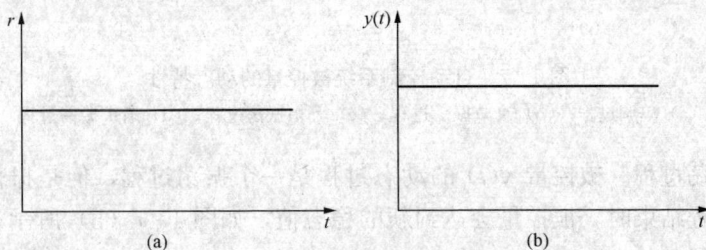

图 1-5　理想的控制效果
(a) 系统的输入；(b) 系统的输出

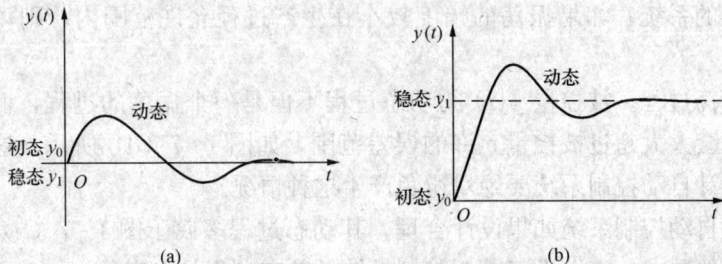

图 1-6　被控对象的动态过程
(a) 系统输出的初态与稳态相同时；(b) 系统的初态与稳态不相同时

对自动控制系统最基本的要求是必须稳定，也就是要求控制系统被控量的稳态误差（偏差 e）为零或在允许的范围之内。对于一个好的自动控制系统来说，最好稳态误差为零。但在实际生产过程中往往做不到完全使稳态误差为零，只能要求稳态误差越小越好。一般要求

稳态误差在被控量额定值的 2%～5% 之内。

自动控制系统除了要求满足稳态性能之外，还应满足动态过程的性能要求。在具体介绍自动控制系统的动态过程要求之前，先介绍控制系统的动态过程（动态特性）有哪几种类型。一般的自动控制系统被控量变化的动态特性有以下几种。

（1）单调过程。被控量 $y(t)$ 单调变化（即没有"正"、"负"的变化），缓慢地到达新的平衡状态（新的稳态值），如图 1-7（a）所示。一般这种动态过程具有较长的动态过程时间（即到达新的平衡状态所需的时间）。

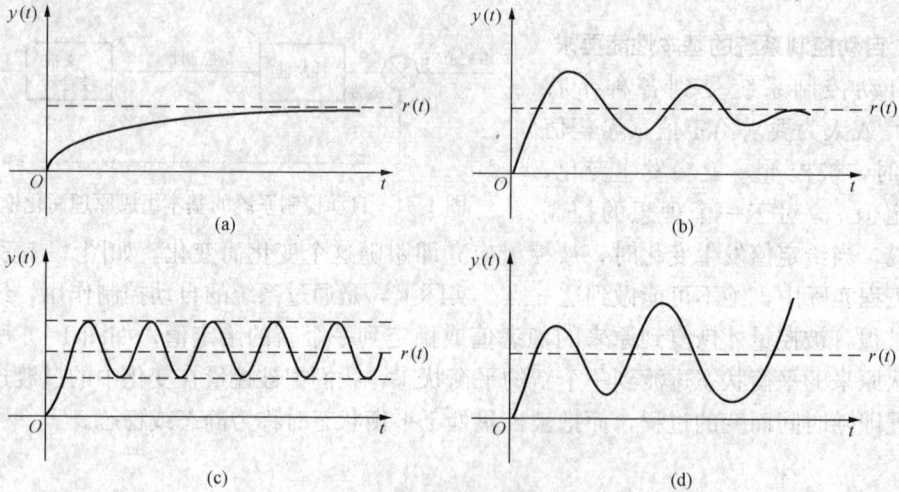

图 1-7　自动控制系统被控量的动态特性
（a）单调过程；（b）衰减振荡过程；（c）等幅振荡过程；（d）渐扩振荡过程

（2）衰减振荡过程。被控量 $y(t)$ 的动态过程是一个振荡过程，但是振荡的幅度不断在衰减，到过渡过程结束时，被控量会达到新的稳态值，如图 1-7（b）所示。这种过程的最大幅度称为超调量。

（3）等幅振荡过程。被控量 $y(t)$ 的动态过程是一个持续等幅振荡过程，始终不能达到新的稳态值，如图 1-7（c）所示。这种过程如果振荡的幅度较大，生产过程不允许，则认为是一种不稳定的系统；如果振荡的幅度较小在生产过程允许范围内，则可认为是稳定的系统。

（4）渐扩振荡过程。被控量 $y(t)$ 的动态过程不但是一个振荡的过程，而且振荡的幅度越来越大，以致会大大超过被控量允许的误差范围，如图 1-7（d）所示。这是一种典型的不稳定过程，设计自动控制系统要绝对避免产生这种情况。

一般说来，自动控制系统如果设计合理，其动态过程多属于图 1-7（b）所示情况。为了满足生产过程的要求，人们不仅希望控制系统的动态过程是稳定的，并且希望过渡过程时间（又称调整时间）越短越好，振荡幅度越小越好，衰减得越快越好。

1. 直接型性能指标

综上所述，对自动控制系统的基本要求可以用以下三个直接型性能指标来描述。

（1）稳定性。稳定性是指系统处于平衡状态下，受到扰动作用后，系统恢复原有平衡状态的能力。如果系统受到外作用后，经过一段时间，其被控量可以达到某一稳定状态，则称

系统是稳定的，如图 1-8 所示的几种情形；否则系统
是不稳定的，如图 1-9 所示。图 1-9（a）所示为在给
定信号作用下，被控量振荡发散的情况；图 1-9（b）
所示为被控量受到扰动作用后，不能恢复平衡的情况。
另外，若系统出现等幅振荡，即处于临界稳定状态，
严格说也属于不稳定。

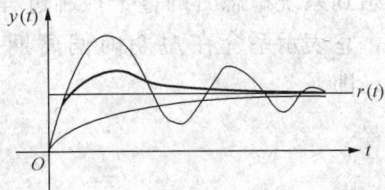

图 1-8　稳定系统的动态过程

　　不稳定的系统无法正常工作，甚至会毁坏设备，
造成重大损失。直流电动机的失磁、导弹发射的失控、运动机械的增幅振荡等都属于系统不
稳定。

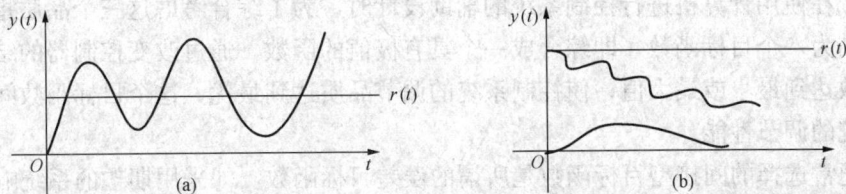

图 1-9　不稳定系统的动态过程

（a）被控量振荡发散的情况；（b）被控量不能恢复平衡的情况

　　实际生产中，不仅要求控制系统是稳定的，而且要具有一定的"稳定性裕度"。稳定性
裕度可以用衰减率 φ 这个指标来衡量，即

$$\varphi = \frac{y_{m1} - y_{m3}}{y_{m1} - r} \tag{1-1}$$

式中：y_{m1}、y_{m3}、r 分别为系统输出的第一个峰、第三个峰及稳态值（见图 1-10）。

　　在火电厂发电生产过程中，对控制品质的要求是 $\varphi = 0.75 \sim 1.0$，即控制过程在振荡 1~
2 次后就基本结束。

　　（2）快速性。快速性用于反映控制过程的持续时间，也就是从干扰发生起至被控量又建
立新的平衡状态为止的过渡过程时间。过渡过程时间越短，表明快速性越好，反之亦然。快
速性表明了系统输出对输入的响应的快慢程度，系统响应越快，则复现快变信号的能力
越强。

　　在实际生产中，一般认为被控量进
入偏离给定值的 $\pm 5\%$ 范围内就算基本
稳定了，如图 1-10 所示的 t_s。

　　（3）准确性。稳定的系统在过渡
过程结束后所处的状态称为稳态。准
确性分为静态准确性（称为静态偏差）
和动态准确性（称为动态偏差）。静态
偏差是指当系统达到稳态时，期望的
系统输出值与实际的系统输出值之差，
它反映了系统的稳态准确度，在火电
厂的控制系统中，一般要求静态偏差
为零。动态偏差是指系统从控制作用

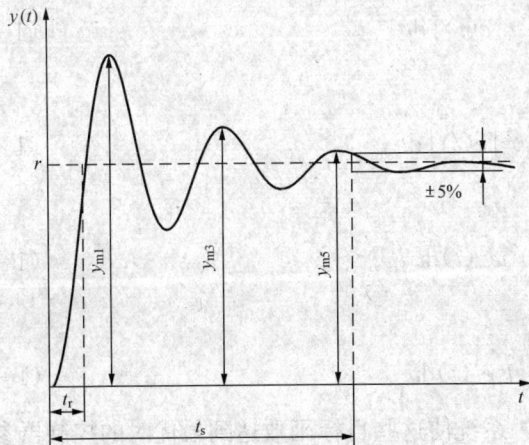

图 1-10　控制系统的动态过程

开始到系统稳态时的整个控制过程中，实际的系统输出值偏离期望的系统输出量的最大值，它表示系统在短期内偏离期望值的最大程度（见图 1-10 所示），用超调量来表示，即

$$M_{\mathrm{p}} = \frac{y_{\mathrm{ml}} - r}{r} \times 100\% \qquad (1-2)$$

2. 间接型性能指标

上述几个指标常常是相互矛盾的，例如，如果提高过程的快速性，可能会引起系统强烈的振荡；改善了稳定性，动态过程又可能很缓慢，甚至使最终精度也很差。因此，在设计控制系统时要权衡考虑。

现在，在使用计算机进行控制系统的辅助设计时，为了综合考虑这三个品质指标，通常把它们归结为一个目标函数，即综合成一个具有极值的函数，通过改变控制器的结构和参数使这个函数达到最小或最大值，使控制系统的调节品质达到最优，这个目标函数间接地描述了控制系统的调节性能。

我们通常选择的间接型目标函数是所谓的误差目标函数，即采用期望的系统响应和实际系统响应之差的某个函数（如图 1-4 中的 e）作为目标函数，这实际上是对直接型性能指标做某种数学上的处理，设法将它们统一地包含在一个数学表达式中，如

$$Q = \int_0^\infty |e(t)| \, \mathrm{d}t \qquad (1-3)$$

式（1-3）表明，在控制系统的动态过程中，误差曲线下的绝对面积越小，控制品质就越好。但在实际计算时，不可能计算到无穷大的时间，一般计算到系统稳态为止，即计算到 t_{s}。但这样带来的问题是，在计算前无法知道系统何时稳态，事先必须估算 t_{s}。这很可能导致另外的问题，即虽然 $e(t)$ 幅值较小，但调节时间较长，在有限的 t_{s} 时间内，同样能使 Q 达到最小。在这种情况下得到的调节品质并不是最优的。解决此问题的方法是在 $|e(t)|$ 上乘以时间 t，即加上时间权，这样一来，就可以得到所希望的突出快速性与准确性的控制系统，同时又允许难于避免的较大的初始动态偏差。

下面给出几种常用的误差型目标函数。

（1）绝对误差的矩的积分

$$Q = \int_0^{t_{\mathrm{s}}} t |e(t)| \, \mathrm{d}t \qquad (1-4)$$

（2）绝对误差的二阶矩的积分

$$Q = \int_0^{t_{\mathrm{s}}} t^2 |e(t)| \, \mathrm{d}t \qquad (1-5)$$

（3）误差平方的矩的积分

$$Q = \int_0^{t_{\mathrm{s}}} t e^2(t) \, \mathrm{d}t \qquad (1-6)$$

（4）误差平方的二阶矩的积分

$$Q = \int_0^{t_{\mathrm{s}}} t^2 e^2(t) \, \mathrm{d}t \qquad (1-7)$$

显然，当选择不同的目标函数时，对同一系统使这些目标函数达到最优时的控制器参数将是不同的。

第四节 自动化专业的历史沿革

自动化的概念起源于最早的自动控制，而自动控制的起源可以追溯到公元前。但是，直到 20 世纪 40 年代，才有了控制论，以后才逐渐形成了自动化学科。20 世纪初的 Lyapunov 稳定理论、PID 控制律概念、反馈放大器、Nyquist 与 Bode 图等是控制论的理论基础。1948 年麻省理工学院维纳（N. Wiener）教授发表了《控制论》，标志着控制理论的形成。1954 年，钱学森教授的著作《工程控制论》（Engineering Cybernetics）在美国问世，并于 1958 年在国内出版，代表了我国科学家为控制理论的形成所做的重要贡献。

对自动化的大量需求开始于工业革命时期。应用自动控制的方法来代替人工控制各种机械设备，使其能在无人的情况下连续不断地工作，并能使这些机械设备更有效、安全地运行。

电力生产工业是应用自动化技术最早的领域，也是最需要先进自动化技术的领域，因为电力生产是一个极其复杂的过程，而且需要长期经济、安全运行。

人类对电力的需要已毋庸置疑，人类对电的依赖已超出我们的想象。21 世纪伊始，美国工程院联合 30 多家美国工程协会，历时半年时间，在评出的 20 世纪对人类社会生活影响最大的 20 项工程技术成果中，电力工程成果名列榜首。其原因是电气化对人类的生活，乃至人类的文明进步都产生了根本性影响。

由此可见，电对人类是多么重要，没有电，根本谈不上现代社会的自动化。1875 年，法国巴黎建成了世界上第一座火力发电厂；与世界有电的历史几乎同步，1879 年，中国上海公共租界点亮了第一盏电灯，随后中国第一家电业公司成立了。那时对电厂发电过程的控制是完全手动的，但已有了对需要监视的参数进行测量的装置。

发电厂的自动化水平一直跟随着自动控制技术的发展而发展。最早对发电厂的控制是"行走式"，要想控制哪一个阀门必须走到这个阀门前用手去操作。20 世纪初，出现了"伺服机构"，即我们所说的执行器。有了执行器，就可以通过电信号来驱动阀门的开启和关闭。"PID 控制律"的出现，又使我们有了"调节器"。调节器可以根据被控制变量与该变量的希望值的偏差给出一个电流量的控制信号，这个信号输入给执行器，去控制阀门。至此，形成了一个完整的自动控制系统。发电厂首先使用了这种自动控制系统。控制论和自动化技术的应用与 20 世纪 50 年代相比，已发生了天翻地覆的变化。而电力生产跟随着这些理论与技术的发展而发展，成为应用自动化技术最有代表性的行业，能代表过程自动化的发展水平。在高等院校中，也是先在电力类院系设置自动化专业的。

现在，自动化技术已广泛应用到制造业、农业、交通、服务业、航空、航天等所有产业部门。在制造业中，从计算机辅助设计与制造、数控机床，到柔性加工系统和计算机集成制造系统以及机器人的广泛进入生产线，成十倍、百倍地提高了社会的劳动生产率，增强了脑力劳动创新能力，丰富了产品的多样性，改善了人们的劳动条件，提高了经济效益和人们的生活水平。

在今天的社会生活中，自动化装置无所不在。通信、金融业已接近全面自动化；医疗器械和仪器的自动化程度日益提高；自动化装置已广泛进入家庭，成为家庭主妇们必不可少的装备。近半个世纪以来，控制论与自动化技术为人类文明进步做出了重要贡献。

在大学里为大学生开设自动控制课程始于 20 世纪 40 年代初，首先是西欧和前苏联开始为大学生和研究生开设自动控制课程，我国也开始为大学生和研究生讲授伺服机构原理课程。此后，在高等院校电机系开始逐步设置了工业企业电气化专业（自动化专业的前身）。该专业的课程设置中，有自动调节理论课程，相当于现在的自动控制理论课程。当时，类似课程在电类其他专业的教学计划中也都设置了，如在发电专业的教学计划中设置有电力系统自动化课程以及电力系统远动学（即远距离测量和控制学）。早期使用的教科书代表作有《自动调整理论基础》（前苏联阿·伏龙诺夫著，徐俊荣等译，电力工业出版社，1957）、《自动调整原理》第一～三分册（前苏联 B. B. 索洛多夫尼柯夫主编，王众托译，水利电力出版社，1957～1959）、《随动系统》（陈辉堂编，人民教育出版社，1958）、《自动调节理论基础》（刘豹编，上海科技出版社，1963）。

我国从 1956 年起，在清华大学、西安交通大学等一批重点高等院校逐步建立了自动控制专业（开始时按前苏联称为自动学与远动学专业）；华北电力大学（原北京电力学院）从 1958 年建校起就建立了热工测量及其自动化专业；东北电力大学（原吉林电力学院）也是在 1956 年就成立了热工测量及其自动化专业，其目的是培养火电厂热工过程控制方面的人才。哈尔滨工业大学除工业企业电气化专业外还建立了自动学、远动学与测量仪表专业，侧重于培养仪器仪表制造方面的人才。1958 年清华大学等一批重点高等院校先后建立自动控制系或行业自动控制系（如航空自动控制系等）；同时，中国科学技术大学在 1958 年率先成立自动化系。1970 年以后，根据自动化科学技术及其高等教育的发展需要，清华大学等一批重点高等院校将自动控制系改名为自动化系。

进入 20 世纪 80 年代以来，为适应国民经济建设和科学技术发展的需要，进一步拓宽专业口径，各高校的自动化系先后将原有的多个自动化类专业（如自动控制、生产过程自动化、工业电气自动化、检测技术与自动化仪表、热工测量及其自动化）合并为新的工业自动化专业和自动控制专业。1998 年，为适应国家经济建设对宽口径高等教育人才培养的需要，又进一步合并为一个自动化专业。

专科层次的自动化类专业是我国专科教育中的老牌专业（自从设置专科学校以来，就有了该层次的专科专业），经历了比较长的发展历史，在工科类高等专科学校中一般均设置有该专业。近几年来新成立的职业技术学院，使该专业在招生数量上得到快速发展。

20 世纪 50 年代至 60 年代我国自动化学科研究生教育规模很小，20 世纪 50 年代曾举办过研究生班，部分学生和教师公派去前苏联学习攻读研究生学位。全国各高等学校选派教师集中在哈尔滨工业大学成为工业企业电气化专业第一批研究生（1951～1954）或进修教师。自 1978 年恢复招生以来，迎来了研究生教育的春天，1982 年颁布了《中华人民共和国学位法》；1984 年全国试办 33 所研究生院，自动化学科研究生专业首先在一批工科类重点大学招生和培养。

由于自动化所涉及的学科领域之广，在有些发达国家的大学里并不单设自动化专业，而是融入其他学科中。根据我国的国情以及我国的教育体制，国家专门设置了自动化本科专业和控制科学与工程研究生专业。

控制科学与工程是 20 世纪最重要的科学理论和成就之一，也是一门研究控制的理论、方法、技术及其工程应用的学科，是自动控制与自动化技术的统称。控制科学以控制论、信息论、系统论为基础，研究各领域内独立于具体对象的共性问题，即为了实现某些目标，应该如何描述与分析对象与环境信息，采取何种控制与决策行为。它对于各具体应用领域具有一般方法论的意义，而与各领域具体问题的结合，又形成了控制工程丰富多样的内容。本学科的这一特点，使它对相关学科的发展起到了有力的推动作用，并在学科交叉与渗透中表现出突出的活力。

控制科学与工程一级学科下设五个二级学科，即五个研究生专业。

控制理论与控制工程：以工程领域内的控制系统为主要对象，以数学方法和计算机技术为主要工具，研究各种控制策略及控制系统的建模、分析、综合、设计和实现的理论、技术和方法。

检测技术与自动化装置：是研究被控对象的信息提取、转换、传递与处理的理论、方法和技术的一门学科，主要研究领域包括新的检测理论和方法、新型传感器、自动化仪表和自动检测系统，以及它们的集成化、智能化和可靠性技术。

系统工程：是为了解决日益复杂的社会实践问题而形成的从整体出发合理组织、控制和管理各类系统的综合性的工程技术学科，以工业、农业、交通、军事、资源、环境、经济、社会等领域中的各种复杂系统为主要研究对象，以系统科学、控制科学、信息科学和应用数学为理论基础，以计算机技术为基本工具，以优化为主要目的，采用定量分析为主、定性定量相结合的综合集成方法，研究解决带有一般性的系统分析、设计、控制和管理问题。

模式识别与智能系统：主要研究信息的采集、处理与特征提取，模式识别与分析，人工智能以及智能系统的设计，它的研究领域包括信号处理与分析、模式识别、图像处理与计算机视觉、智能控制与智能机器人、智能信息处理以及认知、自组织与学习理论等。

导航、制导与控制：是以数学、力学、控制理论与工程、信息科学与技术、系统科学、计算机技术、传感与测量技术、建模与仿真技术为基础的综合性应用技术学科，主要研究领域航空、航天、航海、陆行各类运动体的位置、方向、轨迹、姿态的检测、控制及其仿真，是国防武器系统和民用运输系统的重要核心技术之一。

第二章 火电厂生产过程自动化

由于人类对电能的需要,电力工业的发展速度是相当惊人的。为了节能、降耗和低排放,现在普遍采用大容量、高参数发电机组,因此对机组的控制要求越来越高。发电厂可以代表过程自动化的发展水平。

大型火力发电机组是典型的过程控制对象,它是由锅炉、汽轮发电机组和辅助设备组成的庞大的设备群。由于其工艺流程复杂、设备众多、管道纵横交错,有数千个参数需要监视、操作或控制,没有先进的自动化设备和控制系统要正常运行是不可能的。而且电能生产还要求高度的安全可靠性、经济性和低排放,尤其是大型骨干机组,这方面的要求更为突出。因此,大型机组的自动化水平受到特别的重视。本章将以大型单元机组为控制对象,讨论其所需要的控制系统。在讨论之前,下面简要介绍火力发电厂的构成及其工作原理。

第一节 火力发电厂的构成及其工作原理

一、火电厂的基本生产过程

图 2-1 所示为大型单元机组的生产流程示意图。可以看出它是以锅炉,高压和中、低压汽轮机,泵与风机和发电机为主体设备的一个整体。这些设备通过管道或线路相连构成生产主系统,即燃烧系统、汽水系统和电气系统。其生产过程简介如下。

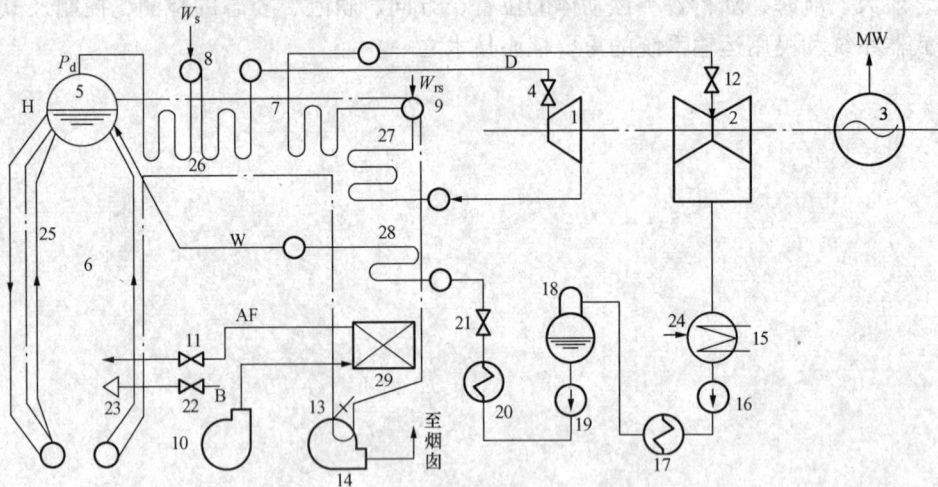

图 2-1 大型单元机组生产流程示意图

1—汽轮机高压缸;2—汽轮机中、低压缸;3—发电机;4—高压汽轮机调门;5—汽包;6—炉膛;7—烟道;
8—过热器喷水减温器;9—再热器喷水减温器;10—送风机;11—调风门;12—中、低压汽轮机调汽门;
13—烟道挡板;14—引风机;15—冷凝器;16—凝结水泵;17—低压加热器;18—除氧器;
19—给水泵;20—高压加热器;21—给水调节机构;22—燃料量控制机构;23—喷燃器;
24—补充水;25—水冷壁管;26—过热器;27—再热器;28—省煤器;29—空气预热器

（一）燃烧系统

燃烧系统包括锅炉的燃烧部分和输煤、除灰、烟气排放系统等。煤由皮带输送到锅炉车间的煤斗，进入磨煤机磨成煤粉，然后与经过预热器预热的空气一起喷入炉内燃烧，将煤的化学能转换成热能，烟气经除尘器清除灰分，再经脱硫装置脱去硫化物后，由引风机抽出，经高大的烟囱排入大气。炉渣和除尘器下部的细灰由灰渣泵排至灰场。

（二）汽水系统

汽水系统包括由锅炉、汽轮机、凝汽器及给水泵等组成的汽水循环和水处理系统、冷却水系统等。

水在锅炉中加热后蒸发成蒸汽，经过热器进一步加热，成为具有规定压力和温度的过热蒸汽，然后经过管道送入汽轮机高压缸。

在汽轮机高压缸中，蒸汽不断膨胀，高速流动，冲击汽轮机高压缸内的转子，以额定转速（3000r/min）旋转，将热能转换成机械能，带动与汽轮机同轴的发电机发电。

在膨胀过程中，蒸汽的压力和温度不断降低。蒸汽做功后从汽轮机高压缸下部排出。为了提高热效率，将排出的蒸汽送入再热器再加热，再一次成为具有规定压力和温度的过热蒸汽，然后经过管道送入汽轮机中、低压缸，冲击汽轮机中、低压缸的转子，再次将热能转换成机械能，与汽轮机高压缸轴一起带动同轴的发电机发电。

蒸汽在中、低压缸做功后，其压力和温度不断降低，最后从中、低压缸下部排出，排入凝汽器，此时的蒸汽称为乏汽。在凝汽器中，汽轮机的乏汽被冷却水冷却，凝结成水。

凝汽器下部所凝结的水由凝结水泵升压后进入低压加热器和除氧器，提高水温并除去水中的氧（以防止腐蚀炉管等），再由给水泵进一步升压，送入高压加热器，然后进入锅炉中的省煤器，吸收烟道尾部烟气的热量后，回到汽包，完成水—蒸汽—水的循环。给水泵以后的凝结水称为给水。

汽水系统中的蒸汽和凝结水在循环过程中总有一些损失，因此，必须不断向给水系统补充经过化学处理的水。补给水进入除氧器，同凝结水一起由给水泵送入锅炉。

（三）电气系统

电气系统包括发电机、励磁系统、厂用电系统和升压变电站等。

发电机的机端电压和电流随其容量不同而变化，其电压一般在 $10\sim20kV$ 之间，电流可达数千安至 20kA。因此，发电机发出的电，一般由主变压器升高电压后，经变电站高压电气设备和输电线送往电网；极少部分电，通过厂用变压器降低电压后，经厂用电配电装置和电缆供厂内风机、水泵等各种辅机设备和照明等用电。

二、锅炉的结构及其工作过程

锅炉是利用燃料或其他能源的热能，把水加热成为热水或蒸汽的机械设备。锅炉包括锅和炉两大部分，锅的原义是指在火上加热的盛水容器，炉是指燃烧燃料的场所。锅炉中产生的热水或蒸汽可直接为生产和生活提供所需要的热能，也可通过蒸汽动力装置转换为机械能，或再通过发电机将机械能转换为电能。

（一）锅炉的结构

锅炉整体的结构包括锅炉本体和辅助设备两大部分。锅炉中的炉膛、锅筒、燃烧器、水冷壁、过热器、再热器、省煤器、空气预热器、构架和炉墙等主要部件构成生产蒸汽的核心部分，称为锅炉本体。锅炉本体中两个最主要的部件是炉膛和锅筒。

炉膛又称燃烧室，是供燃料燃烧的空间。将固体燃料放在炉排上，进行火床燃烧的炉膛称为层燃炉，又称火床炉；将液体、气体或磨成粉状的固体燃料，喷入火室燃烧的炉膛称为室燃炉，又称火室炉；空气将煤粒托起使其呈沸腾状态燃烧，并适于燃烧劣质燃料的炉膛称为沸腾炉，又称流化床炉；利用空气流使煤粒高速旋转，并强烈火烧的圆筒形炉膛称为旋风炉。

炉膛的横截面一般为正方形或矩形。燃料在炉膛内燃烧形成火焰和高温烟气，所以炉膛四周的炉墙由耐高温材料和保温材料构成。在炉墙的内表面上常敷设水冷壁管，它既保护炉墙不致烧坏，又吸收火焰和高温烟气的大量辐射热。

炉膛设计需要充分考虑使用燃料的特性。每台锅炉应尽量燃用原设计的燃料。燃用特性差别较大的燃料时锅炉运行的经济性和可靠性都可能降低。

锅筒是自然循环和多次强制循环锅炉中接受省煤器来的给水、连接循环回路，并向过热器输送饱和蒸汽的圆筒形容器。锅筒体由优质厚钢板制成，是锅炉中最重的部件之一。

锅筒的主要功能是储水，进行汽水分离，在运行中排除锅水中的盐水和泥渣等杂质，避免含有高浓度盐分和杂质的锅水随蒸汽进入过热器和汽轮机中。

锅筒内部装置包括汽水分离和蒸汽清洗装置、给水分配管、排污和加药设备等。其中汽水分离装置的作用是将从水冷壁来的饱和蒸汽与水分离开来，并尽量减少蒸汽中携带的细小水滴。中、低压锅炉常用挡板和缝隙挡板作为粗分离元件；中压以上的锅炉除广泛采用多种型式的旋风分离器进行粗分离外，还用百叶窗、钢丝网或均汽板等进行进一步分离。锅筒上还装有水位表、安全阀等监测和保护设施。

（二）锅炉的工作过程

锅炉工作过程一般包括煤的行程、烟气行程、空气行程和工质行程。锅炉的工作过程如图 2-2 所示。

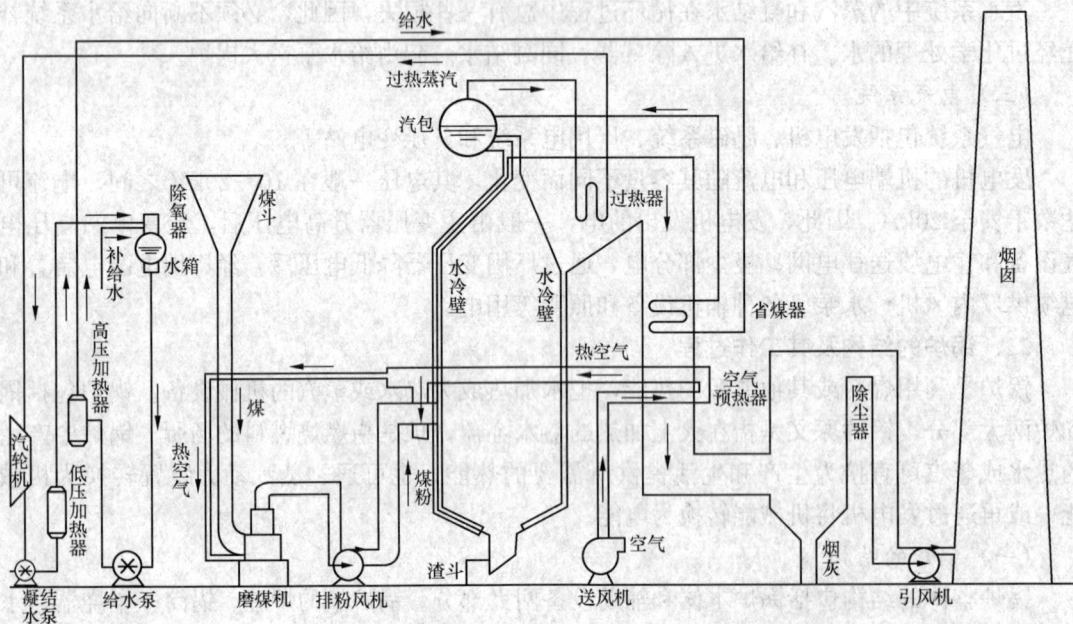

图 2-2　锅炉的工作过程

三、汽轮机的构成及其工作原理

汽轮机设备包括汽轮机、调速系统、凝汽器和附属设备等。汽轮机是以蒸汽作为工作介质的原动机，其作用是将来自锅炉的高温高压蒸汽所具有的热能转换为汽轮机转子旋转的机械能，转子带动发电机就可以将机械能再转换为电能。图 2-3 所示为汽轮机的结构简图。

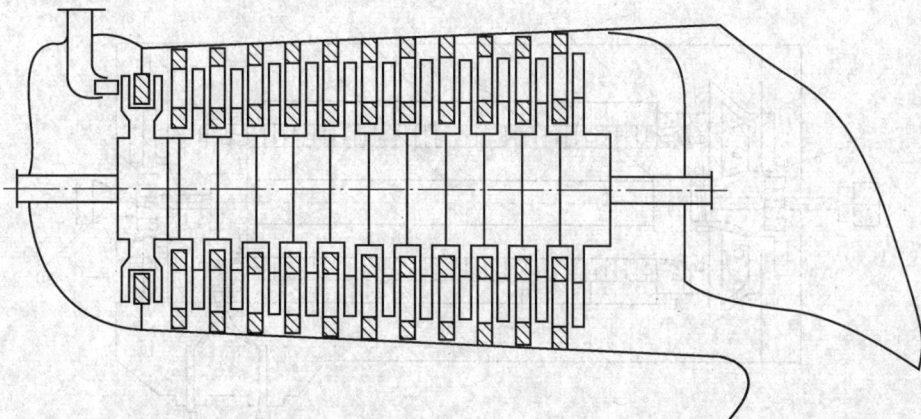

图 2-3　汽轮机结构简图

汽轮机工作依靠的主要零部件是喷嘴（或称静叶片）和动叶片。喷嘴起着将蒸汽的势能转换为动能的作用，从喷嘴出来的蒸汽具有每秒数百米的高速，这样的高速汽流冲击到装在叶轮上的动叶片，就可以推动由动叶片、叶轮、轴等零部件组成的转子连续不断地高速旋转，再带动发电机源源不断地产生电能。动叶片承受蒸汽冲击力作用的原理叫冲动原理。

当蒸汽在动叶流道中流过时，如果蒸汽在其内继续膨胀降压，进一步将热能转换为动能，蒸汽在高速离开动叶的同时给其一个反作用力，就像火箭的工作原理一样，这叫反作用原理。

根据蒸汽产生冲击力和反作用力大小比例以及结构的不同，汽轮机可分为冲动式和反动式两大类，目前我国均有生产。由一列喷嘴（静叶片）和一列动叶片构成汽轮机最基本的做功单元，称为"级"。汽轮机是由许多级串联起来的，蒸汽在各级内逐级膨胀做功，组成多级汽轮机。现代电厂使用的大功率汽轮机往往由几十级至一百多级组成，分装在高压缸、中压缸、低压缸中，成为多缸汽轮机。

在汽轮机内做完功的蒸汽被排至低压缸后的凝汽器，在凝汽器内蒸汽将热量进一步传给循环水，最终成为凝结水，凝结水再通过高低压加热器等进入锅炉。所以凝汽器的任务有两个：一是使做完功的蒸汽凝结，使排汽侧形成负压（称真空状态），以提高热效率；二是回收做完功的蒸汽，供给锅炉洁净的凝结水。

调速系统的作用是保持汽轮机在额定转速 3000r/min 下稳定运行，调整进汽量，以适应电力负荷变化的需要。危急保安器是装在汽轮机大轴上的重要保护装置。当调速系统动作失灵，汽轮机转速超过 3300r/min 时，危急保安器动作，迅速将主汽门关闭，防止汽轮机超速破坏，以免造成设备破坏和人身伤亡事故。

四、汽轮发电机的基本结构及其工作原理

火电厂中用来发电的电机都是由汽轮机或燃气轮机拖动的同步发电机。它是利用导线切割磁力线感应出电动势的电磁感应原理，将原动机的机械能变为电能输出。同步发电机由定

子和转子两部分组成。定子是发出电力的电枢，转子是磁极。定子由电枢铁芯、均匀排放的三相绕组及机座和端盖等组成。转子通常为隐极式，由励磁绕组、铁芯和轴、护环、中心环等组成。汽轮发电机的极数多为两极，也有的为四极。图 2-4 所示为 Siemens 公司生产的 THDD108/44 型 350MW 汽轮发电机结构示意图。

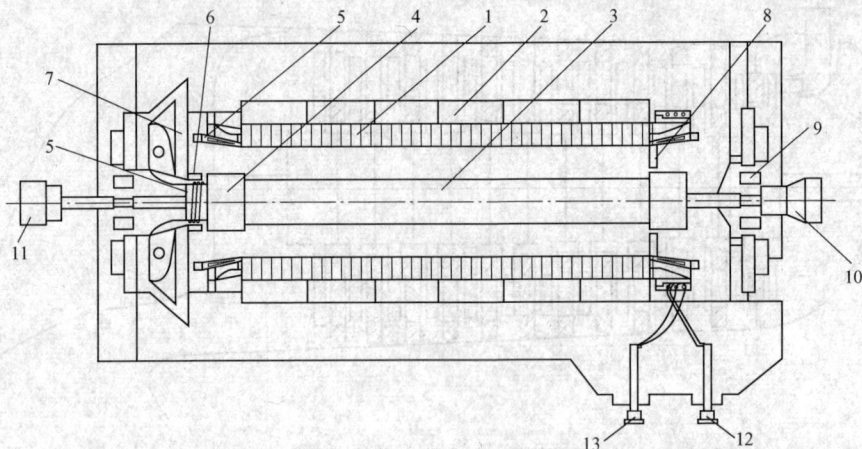

图 2-4　Siemens 公司生产的 THDD108/44 型 350MW 汽轮发电机结构示意图

1—定子铁芯；2—定子绕组；3—转子铁芯；4—护环；5—动叶片；
6—静叶片；7—风挡板；8—气隙隔板；9—轴承；10—励磁机—发电机联轴器；
11—低压转子—发电机联轴器；12—引出线；13—中性引出线

转子的励磁绕组通入直流电流，产生接近于正弦分布磁场（称为转子磁场），其有效励磁磁通与静止的电枢绕组相交链。转子旋转时，转子磁场随同一起旋转，每转一周，磁力线顺序切割定子的每相绕组，在三相定子绕组内感应出三相交流电动势。发电机带对称负载运行时，三相电枢电流合成产生一个同步转速的旋转磁场。定子磁场和转子磁场相互作用，会产生制动转矩。从汽轮机输入的机械转矩克服制动转矩而做功。发电机可发出有功功率和无功功率。所以，调整有功功率就得调节汽轮机的进汽量。转子磁场的强弱直接影响定子绕组的电压，所以，调发电机端电压或调发电机的无功功率必须调节转子电流。

第二节　火力发电厂生产过程所需要的控制

随着单元机组不断向大容量、高参数的方向发展，以及现代电力生产对机组运行安全、经济性要求的提高，单元机组的自动化水平得到了很大的提高，并在机组的生产过程中起着至关重要的作用。

单元机组自动控制系统总称为协调控制系统（CCS），它是将机组的锅炉和汽轮机作为一个整体进行控制的系统，并且汽轮机的负荷—转速控制系统也可看作 CCS 的一个子系统，CCS 完成锅炉、汽轮机及其辅助设备的自动控制，其总体结构如图 2-5 所示。由图可见，单元机组控制系统是一个具有二级结构的递阶控制系统，上一级为协调控制级，下一级为基础控制级。它们把自动调节、逻辑控制和连锁保护等功能有机地结合在一起，构成一个具有多种控制功能、能满足不同运行方式和不同工况的综合控制系统。

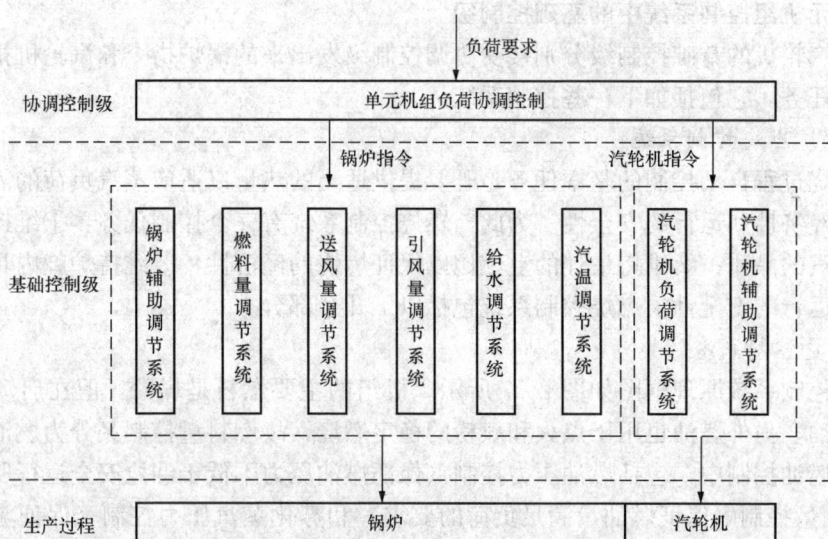

图 2-5 单元机组控制系统的总体结构

一、单元机组控制系统中的协调控制级

由于锅炉—汽轮机发电机组本质上是一个发电整体，所以当电网负荷要求改变时，如果分别独立地控制锅炉和汽轮机，势必难以达到理想的控制效果。CCS 把锅炉和汽轮机视为一个整体，在锅炉和汽轮机各基础控制系统之上设置协调控制级，来实施锅炉和汽轮机在响应负荷要求时的协调和配合，如图 2-6 所示。这种协调是由协调级的单元机组负荷控制系统来实现的，它接受电网负荷要求指令，产生锅炉指令和汽轮机指令两个控制指令，分别送往锅炉和汽轮机的有关控制系统。但目前尚很难制定一个"协调"优劣的标准，它一般根据对象的特点和控制指标的要求，选择合理的协调策略，使其既能易于实现，又能满足工程实际的要求。

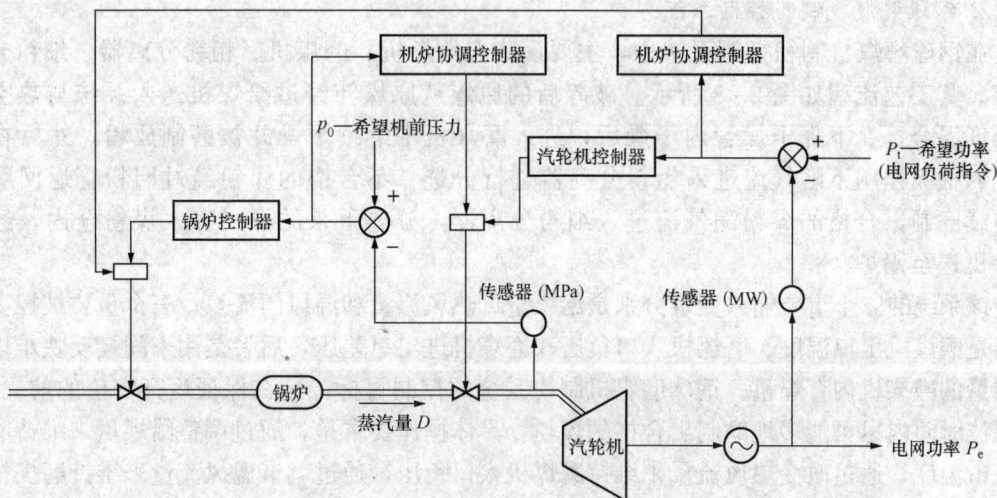

图 2-6 机炉协调控制系统原理框图

二、单元机组控制系统中的基础控制级

锅炉和汽轮机的基础控制级分别接受协调控制级发出来的锅炉指令和汽轮机指令，完成指定的控制任务，它包括如下一些控制系统。

（一）锅炉燃烧控制系统

锅炉燃烧过程自动控制的基本任务是既要提供适当的热量以适应蒸汽负荷的需要，又要保证燃料的经济性和运行的安全性。为此，燃烧控制系统有三个控制任务：①维持主汽压以保证产生蒸汽的品质；②维持最佳的空燃比以保证燃烧的经济性；③维持炉膛内具有一定的负压以保证运行的安全性。燃烧控制系统包括以下几个部分。

1. 燃料量控制系统

燃料量控制系统原理框图如图 2-7 所示。机组的主要燃料是煤粉，但在启动和低负荷时还使用燃油，另外燃油也用于点火和煤粉的稳定燃烧，故燃料量控制又分为燃油控制和燃煤控制。在燃油控制中，包括燃油压力控制（保证燃油压力不低于油枪安全运行所需的最低油压）、燃油量控制（保证燃油量满足负荷的要求）和雾化蒸汽压力控制（保证雾化蒸汽压力总大于燃油压力以使燃油能充分雾化）。在燃煤控制中，主要是根据锅炉指令并与送风量相配合，产生各台给煤机的转速指令。一方面，它与风量控制系统一起，保证送入锅炉的热量满足负荷的要求和汽压的稳定；另一方面，它将需求的燃料量平均分配给各台给煤机。一般用汽轮机前的主蒸汽压力代替炉膛热负荷。

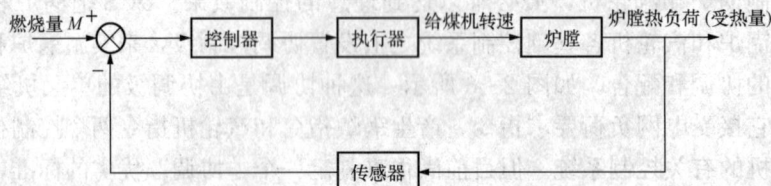

图 2-7　燃料量控制系统原理框图

2. 钢球磨煤机制粉控制系统

在钢球磨煤机制粉控制系统中，主要设备有给煤机、磨煤机、粗粉分离器、细粉分离器等。其工艺流程如图 2-8 所示。破碎后的原煤从原煤斗经过给煤机送入系统与热空气干燥剂混合，在下降干燥管内干燥后，进入磨煤机中继续干燥并被磨制成粉，然后在排粉机的抽吸作用下随气流进入粗粉分离器进行分选。不合格的煤粉经过回粉管返回磨煤机继续磨制，合格的煤粉随气流进入细粉分离器，分离下来的煤粉存入煤粉仓内，经由排粉机送至锅炉。

该系统的三个重要输入变量分别是给煤量、热风流量和温风门流量；三个重要被控变量分别是磨煤机出口温度、磨煤机入口负压和磨煤机进出口差压，后者是用来间接反映难以在线测量的磨煤机内存煤量。钢球磨煤机制粉系统的控制目标，是在保证运行安全的前提下，在单位时间内尽可能多地磨制出合格的煤粉。具体操作要求是，通过调整给煤量来维持磨煤机出口温度，通过改变热风流量来维持磨煤机入口负压，通过调节温风流量来维持磨煤机进出口差压，将被控变量控制在规定范围之内，且维持较高的制粉效率。否则，可能导致煤粉燃烧爆炸、环境污染、堵磨或能源浪费等。当改变任一输入变量来维持对应的输出变量时，同时会对另外两个输出变量产生较大影响。三个回路之间的严重耦合，会使自动控制变得非

常困难。实际的钢球磨煤机制粉控制系统是很复杂的，图 2-9 所示仅仅是一个基本控制原理框图。

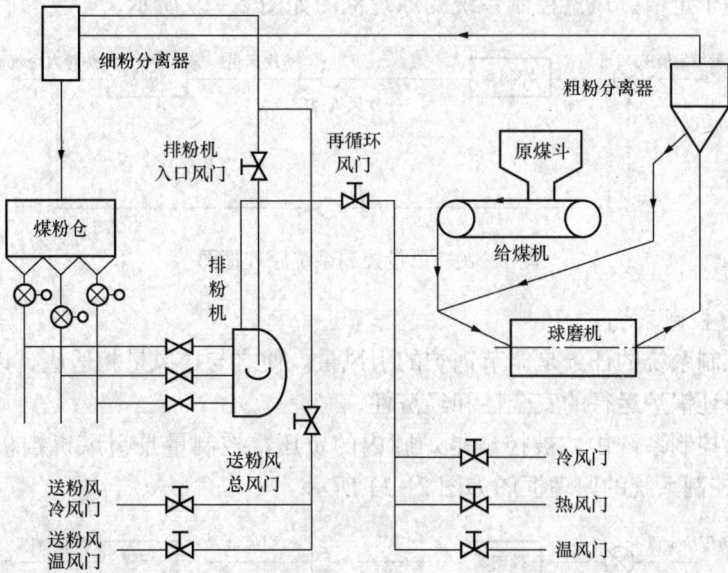

图 2-8 钢球磨煤机制粉系统工艺流程

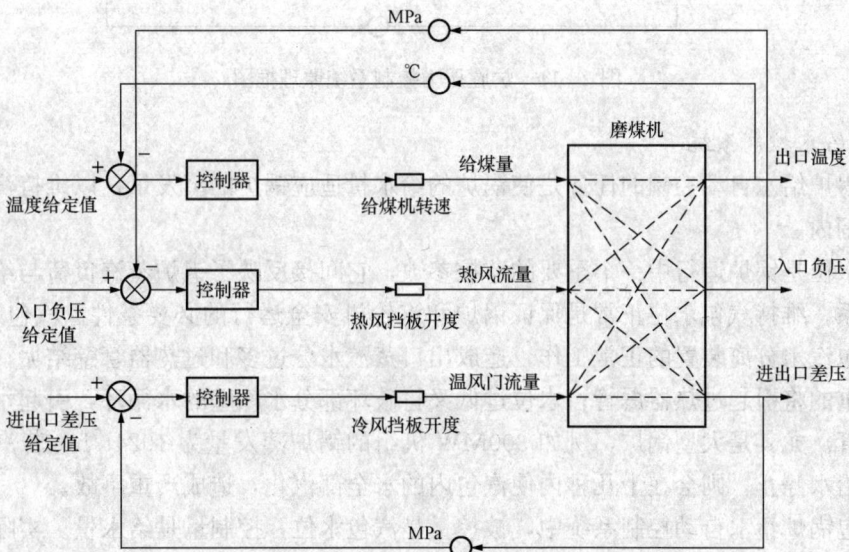

图 2-9 钢球磨煤机控制系统的基本控制原理框图

3. 风量控制系统

风量控制和燃料控制一起，共同保证锅炉的出力能适应外界负荷的要求，同时使燃烧过程在经济、安全的状况下进行。燃烧需要的空气由送风机提供，锅炉燃烧的总风量为送风机风量和一次风量之和。此外，在风量控制系统中还包括二次风（燃料风、助燃风和过燃风）的分配控制。

　　在风量控制系统中，被控量是炉膛内的含氧量（O_2），控制量是一次风机挡板开度（即一次风量）。为了保证煤粉在炉内充分燃烧，又不使过多的剩余空气带走热量，必须保证炉膛内的氧量为一个定值。风量控制系统的原理框图如图 2-10 所示。

图 2-10　风量控制系统原理框图

4. 炉膛压力控制系统

　　炉膛压力控制系统的任务是调节锅炉的引风量，使之与送风量相适应，以维持炉膛具有一定负压力，保证锅炉运行的安全性和经济性。

　　在炉膛压力控制系统中，被控量是炉膛内的负压，控制量是引风机挡板开度（即引风量）。炉膛压力控制系统的原理框图如图 2-11 所示。

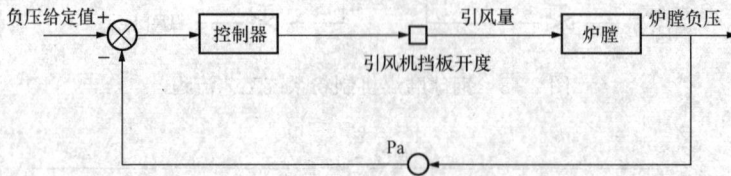

图 2-11　炉膛压力控制系统原理框图

（二）给水控制系统

　　汽包锅炉给水自动控制的任务是使锅炉的给水量适应锅炉的蒸发量，以维持汽包水位在规定的范围内。

　　汽包水位是锅炉运行中一个重要的监控参数，它间接反映了锅炉蒸汽负荷与给水量之间的平衡关系。维持汽包水位正常是保证锅炉和汽轮机安全运行的必要条件。汽包水位过高，会影响汽包汽水分离装置的正常工作，造成出口蒸汽水分过多和过热器管壁结垢，影响传热效率，严重的将引起过热器爆管；水位过低又将破坏部分水冷壁的水循环，引起水冷壁局部过热而爆管。尤其是大型锅炉，例如 300MW 机组的锅炉蒸发量为 1024t/h，若汽包容积极小，一旦给水停止，则会在十几秒内使汽包内的水全部汽化，造成严重事故。

　　在汽包锅炉给水自动控制系统中，被控量是汽包水位，控制量是给水量。实际中汽包水位控制系统是比较复杂的，图 2-12 仅仅是汽包水位控制系统的基本原理框图。

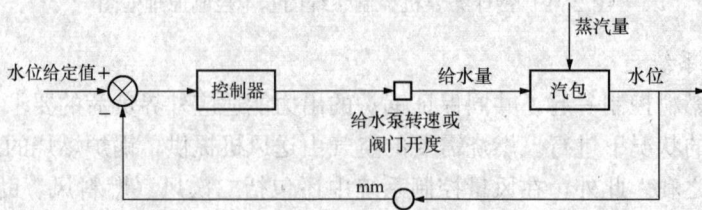

图 2-12　汽包水位控制系统的基本原理框图

（三）汽温控制系统

1. 主蒸汽温度控制

锅炉过热汽温（也称主蒸汽温度）是锅炉过热器出口蒸汽的温度，维持主蒸汽温度为一稳定值，对机组的安全经济运行是非常重要的。主要表现在以下几个方面。

（1）汽温过高会使锅炉受热面及蒸汽管道金属材料的蠕变速度加快，影响使用寿命。例如，12CrMoV 钢在 585℃ 环境下保证应用强度的时间约为 10 万 h，而在 595℃ 时到了 3 万 h 就可能会丧失其应有的强度。而且如果受热面严重超温，将会由于管道材料强度的急剧下降而导致爆管。此外，汽温过高还会使汽轮机的汽缸、汽阀、前几级喷嘴和叶片、高压缸前轴承等部件的机械强度降低，从而导致设备的寿命缩短，甚至损坏。

（2）汽温过低会使机组循环热效率降低、煤耗增大。根据理论估算可知，过热汽温降低 10℃，会使煤耗平均增加 0.2%。同时，汽温降低还会使汽轮机尾部的蒸汽湿度增大，不仅使汽轮机的效率降低，而且造成汽轮机末几级叶片的侵蚀加剧。此外，汽温过低，汽轮机转子所受的轴向推力增大，对机组安全运行十分不利。

（3）汽温变化过大，除使管材及有关部件产生疲劳外，还将引起汽轮机汽缸的转子与汽缸的胀差变化，甚至产生剧烈振动，危及机组安全运行。

因此，工艺上对汽温控制的质量要求是非常严格的，一般要求主蒸汽温度稳定在 ±5℃ 的范围内。但是，汽温对象的复杂性给汽温控制带来了许多困难。

过热汽温是火电机组的主要参数。由于过热器是在高温、高压环境下工作，过热器出口汽温是全厂工质温度的最高点，也是金属壁温的最高处，工艺上允许的汽温变化范围又很小，汽温对象特性呈非线性，影响汽温变化的干扰因素多等，这些都使得汽温控制系统复杂化，因此正确选择控制汽温的手段及控制策略是非常重要的。

目前，电厂锅炉过热汽温控制系统多采用喷水减温的方法来维持过热汽温。在该系统中，被控量是主蒸汽温度，控制量是喷水减温器调节阀门开度（即减温水流量）。过热汽温控制系统的基本原理框图如图 2-13 所示。

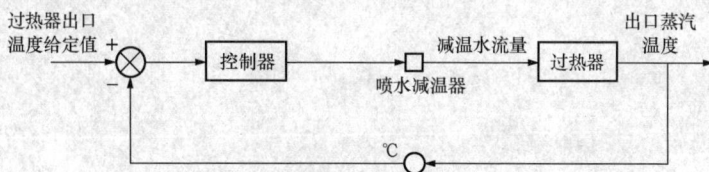

图 2-13　过热汽温控制系统的基本原理框图

2. 再热蒸汽温度控制

随着蒸汽压力提高，为了提高机组热循环的经济性，减小汽轮机末级叶片中蒸汽湿度，高参数机组一般采用中间再热循环系统。将高压缸出口蒸汽引入锅炉，重新加热至高温，然后再引入中压缸膨胀做功。一般再热汽温随负荷变化较大，当机组负荷降低 30% 时，再热汽温如不加以控制，锅炉再热器出口蒸汽温度将降低 28～35℃（相当于负荷每降低 10% 时，汽温降低 10℃）。所以大型机组必须对再热汽温进行控制。

再热汽温的控制，一般采用以烟气控制为主，以喷水减温控制为辅的方式，在紧急情况下才使用喷水减温。这种控制策略要比单纯采用喷水减温控制有较高的热经济性。实际采用的烟气控制方法有变化烟气挡板位置，采用烟气再循环，摆动喷燃器角度和采用多层布置圆形喷燃器，汽—汽热交换器和蒸汽旁通等方法。

在再热汽温控制系统中，被控量是再热蒸汽温度，控制量是再热器喷水减温器调节阀门开度（即减温水流量）、再热器侧烟气挡板开度或喷燃器倾角等。不管采用哪一种控制方式，它们的控制系统结构都是相同的，如图 2-14 所示。

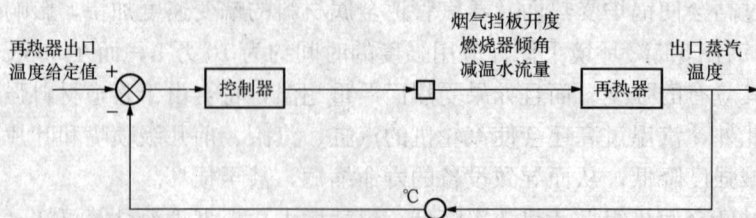

图 2-14　再热汽温控制系统的基本原理框图

（四）辅助控制系统

辅助控制系统主要有除氧器压力、水位控制系统，空气预热器冷端温度控制系统，凝汽器水位控制系统，辅助蒸汽控制系统，汽轮机润滑油温度控制系统，高压旁路、低压旁路控制系统，高压加热器、低压加热器水位控制系统。此外还有氢侧、空侧密封油温度控制系统，凝结水补充水箱水位控制系统，电动给水泵液力耦合油温度控制系统，电泵、汽泵润滑油温度控制系统，发电机氢温度控制等。这些控制系统的控制结构基本上采用单回路控制（见图 1-2），其结构比较简单，这里不再赘述。

为保证单元机组的可靠运行，除上述参数调节系统外，自动控制系统还包括：①自动检测部分，用来自动检查和测量反映过程进行情况的各种物理量、化学量以及生产设备的工作状态参数，以监视生产过程的进行情况和趋势；②顺序控制部分，根据预先设定的程序和条件，自动地对设备进行一系列操作，如控制单元机组的启、停及对各种辅机的控制；③自动保护部分，在发生事故时，自动采用保护措施，以防止事故进一步扩大，保护生产设备不受严重破坏，如汽轮机的超速保护、振动保护和锅炉的超压保护、炉膛灭火保护等。

第三章 自动控制原理

第一节 自动控制系统的分类

随着自动控制理论和自动控制技术的不断发展，生产过程的自动化水平不断提高，生产过程的自动控制系统也在日益发展和完善，目前已出现了各种各样的新型自动控制系统。因此，很难确切地列举它们的全部分类，下面仅介绍几种常用的分类方法。

一、按自动控制系统是否形成闭合回路分类

（一）开环控制系统

当对被控系统的输出要求不高或被控系统的输出不容易测量时，控制器直接根据期望信号产生控制信号。这样的控制系统可用图 3-1 来描述。从图中可以看出控制信号流程没有形成回路，因此将这样的系统称为开环系统，其控制称为开环控制。

例如开环控制的简单电动机转速控制系统，如图 3-2 所示，受控对象为电动机，控制装置为电位器、放大器。当改变给定电压 U_n^* 时，经放大器放大后的电压 U_a 随之变化，作为被控量的电动机转速 $n(t)$ 也随之变化。就是说，系统正常工作时，应由 U_n^* 来确定 $n(t)$。

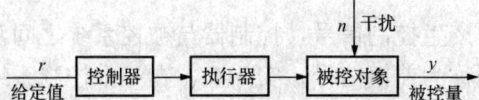

图 3-1 开环控制系统

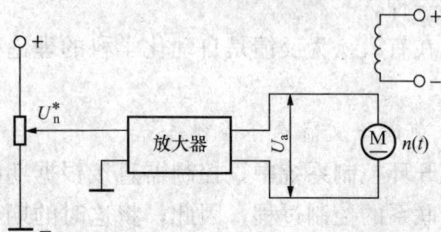

图 3-2 开环控制的简单电动机调速系统

由于电网电压的波动或负载的改变等扰动量的影响，使得转速 n 发生变化，而这种变化未能被反馈至控制装置并影响控制过程，故系统无法克服由此产生的偏差。

开环控制的特点是，系统结构和控制过程均很简单，但抗干扰能力差，控制准确度不高，故一般只能用于对控制性能要求较低或无法测得被控量的场合。

图 3-3 开环干扰补偿控制系统

如果系统存在破坏系统正常运行的干扰，而干扰又能被测量，则可利用干扰信号产生控制作用，以补偿干扰对被控量的影响，如图 3-3 所示。这种按开环补偿原理建立起来的系统称为前馈控制。前馈控制是一种主动控制方式，它能做到在干扰影响被控量之前就将其抵消。

单纯的前馈控制一般很难满足控制要求，这是因为系统往往存在很多干扰，不能一一补偿，而且有的干扰限于技术条件而无法检测，也就无法实现前馈补偿，因此，其控制准确度受到原理上的限制。

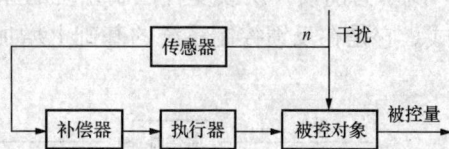

（二）闭环控制系统

对一个系统进行控制，首先要通过传感器测得系统的输出，并把测量结果送给控制器，控制器根据期望值与测量值的偏差产生一个控制信号，并把这个信号送给执行器，执行器根据控制器送来的信号对被控系统实施控制。这一过程可以用图1-3来描述。从图中可以看出，控制信号流程已形成了一个回路，这样的系统称为闭环系统，这样的控制称为闭环控制。

在工业生产中，按照偏差控制的闭环系统种类繁多，尽管它们完成的控制任务不同，具体结构不一样，但是从检出偏差、利用偏差信号对控制对象进行控制，以减小或纠正输出量的偏差这一控制过程是相同的。归纳起来，闭环系统又可以分为以下两种类型。

1. 反馈控制系统

在闭环控制系统中，将系统的实际输出和期望输出进行比较，得到一个偏差信号，从而为确定下一步的控制行为提供依据，这时系统的实际输出信号称为反馈信号。实际上，反馈是一切自然系统、生物系统、社会系统的普遍属性，反馈的过程是信息传递的过程。反馈控制是一种最基本的控制方式。如果反馈信息（系统实际输出）是使其与期望输出的偏差逐渐减少，则称为负反馈；反之，称为正反馈。

反馈控制系统是根据被控量和给定值的偏差进行调节的，最后使系统消除偏差，达到被控量等于给定值的目的。因为反馈控制系统是将被控量变化的信号反馈到控制器的输入端，形成一个闭合回路，所以反馈控制系统也一定是闭环控制系统。它是生产过程控制系统中最基本的一种。

现在有人认为反馈是自动化学科的理论核心，这也说明了反馈的概念在自动化学科中的重要性。

2. 前馈—反馈复合控制系统

在开环控制系统中，控制器直接根据期望信号产生控制信号，控制器与被控系统之间没有反馈联系的控制过程，因此，将这时的期望信号称为前馈信号。实际上，在一个控制系统中，除了系统输出以外的任何输入给控制器的外部信号都称为前馈信号。前馈信号是已知信号，它能带来系统输出趋势的未来信息，因此，在一个控制系统中引入一个或多个前馈信号会改善系统的控制品质。

单独前馈控制往往难以消除静差，所以工程应用中常选用前馈加反馈的控制方式。图3-4所示为前馈—反馈复合控制系统的原理框图，锅炉汽包给水控制系统一般采用这种控制方式。它是在反馈控制系统的基础上增加了对主要扰动 $d(t)$ 的前馈补偿作用。图3-4中的补偿环节可以是一个较简单的环节，对于控制要求较高的被控对象，补偿环节也就是一个控制器，即前馈控制器。当扰动 $d(t)$ 发生后，补偿信号作用到控制器后，能及时消除扰动对被控量的影响，而反馈回路的作用将保证被控量能较精确地等于给定值，改善了被控量 $y(t)$ 的控制准确度。

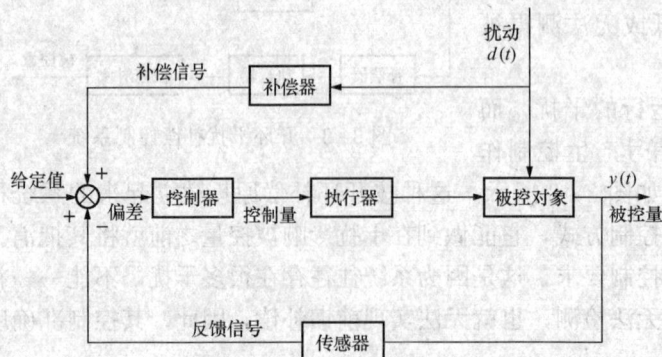

图3-4　前馈—反馈复合控制系统原理框图

　　反馈控制器通常选用 P（比例）、PI（比例积分）、PID（比例积分微分）等控制规律，而前馈控制所使用的控制器与常规的控制器不同，它的控制规律必须根据对象特性来制定，一般称为前馈控制器或补偿器。

　　用模拟式仪表实现前馈控制器的调节规律是非常困难的，因为根据对象特性确定的前馈控制器的传递函数可能是很复杂的。在实际应用中，经常对前馈控制器传递函数进行简化，尽量用常规的 P、PI、PID 实现。随着计算机的发展，许多控制器就是单片机、单板机，其控制规律由软件实现，所以前馈控制器用数字仪表实现就相对容易。

二、按输入输出的个数分类

（一）单变量控制系统

　　只有一个输入量和一个输出量的控制系统称为单变量控制系统，也称为单输入—单输出控制系统。对于单变量系统可以用高阶微分方程（或传递函数）来描述，也可以用状态空间方法来描述。

　　1. 单回路反馈控制系统

　　单回路系统是过程控制中最基本的单元，是组成复杂系统的基础。许多常规复杂系统的分析、设计、整定中也都利用了单回路的方法。在现在的分散控制系统中，也用到单回路系统的知识。图 1-3 所示就是一个简单的单回路反馈控制系统。

　　2. 双回路控制系统

　　在被控对象的迟延和惯性都比较大、工艺上对调节品质要求又比较高的情况下，单回路控制系统无法满足工艺要求，这就要求设计比较复杂的控制系统以适应这一要求。

　　双回路控制系统是改善品质的最有效的方法之一，它得到了广泛的应用。串级双回路控制系统原理框图如图 3-5 所示。在实际的火电厂中，主汽温控制系统大多数都是采用双回路控制。

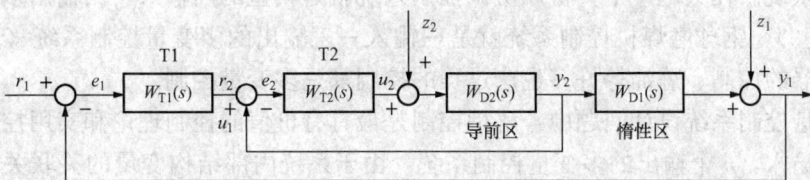

图 3-5　串级双回路控制系统原理框图

　　在双回路控制系统中，采用了两级控制器 T1 和 T2，因此也称这种控制方式为串级控制。这两级控制器串在一起工作，各有其特殊任务。T1 称为主控制器（或校正控制器），它接收被调量的信号 y_1（又称主参数）。T1 根据偏差值（$e_1 = r_1 - y_1$）按其控制规律不断校正副控制器 T2 的给定值 r_2。副控制器 T2 接收被控对象的某一中间变量的信号 y_2（又称"副参数"或"导前信号"）。选择的 y_2 要能及时反应扰动 z_2（内扰）及控制效果。T2 根据偏差值（$e_2 = r_2 - y_2$）并按照其控制规律去控制执行机构。整个被控对象被划为两个控制区域，即惰性区和导前区。串级控制系统有两个闭合回路：由副控制器 T2、对象导前区形成的闭环称为副环（或内回路）；由主控制器 T1、对象惰性区以及整个副环形成的闭环，称为主环（或外回路）。由此可见，副环是串在主环中工作的，所以称之为串级控制。一般情况下，导前区的迟延和惯性比惰性区要小得多，也就是说所选择的副参数 y_2，对内扰及控制效果的反应应比主参数反应来得快。当发生内扰时，由于副控制器的及时控制，能使内扰的影响迅速消除。此时，被调量 y_1 可能还未来得及变化或者变化很小。当被调量 y_1 变化时，主控制器按偏差以一定规律改变 $r_2(u_1)$。比较两个回路的控制速度可以发现，副环是高速回路，主环是低速回路。

在双回路控制系统中，副控制器一般选用 P 或者 PI 控制律，主控制器一般选择 PI 或者 PID 控制律。

在双回路控制系统中，有时也采用单级控制方式，如图 3-6 所示。从图中可以看到，在主回路中只有一个控制器，副回路控制器由副回路反馈回路中的微分器来代替。

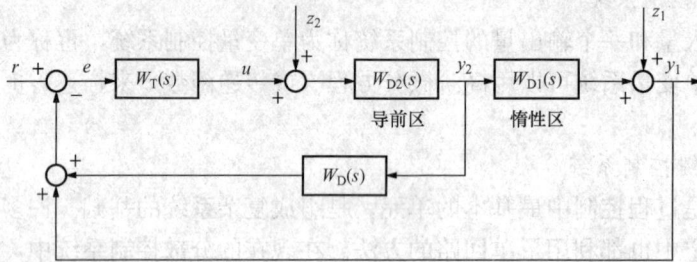

图 3-6　单级双回路控制系统原理框图

在工程中，有时也用到三回路控制系统。但更多控制回路的系统是很少见到的，因为这时控制系统结构过于复杂，在工程上很难实现。

多于一个回路的控制系统称为多回路控制系统。

（二）多变量控制系统

有多于一个输入量或多于一个输出量的控制系统称为多变量控制系统，也称为多输入—多输出控制系统。在火电厂中，机炉协调控制系统就是典型的两输入—两输出多变量控制系统（见图 2-6），钢球磨煤机控制系统就是三输入—三输出的多变量控制系统（见图 2-9）。导弹等飞行器的控制、炼油等许多生产过程的控制都是多变量控制。

在多变量控制系统设计问题中，解耦控制是最具有价值的控制理论和实用控制技术。对于具有 n 个输入，n 个输出的多变量控制系统，由于系统内部结构变量的关联关系，使任一个输入量的变化都会引起所有输出量的变化，任一个输出量都受到所有输入量的影响，即多输入多输出的耦合，使控制系统的分析、综合、调试十分困难。解耦控制的思想，就是通过某种数学算法解除多输入多输出之间的耦合关系，从系统的外部看等同于 n 个完全独立的子系统，即一个输入量的变化只引起与它对应的输出量的变化，任一输出量只受与它对应的输入量的影响。于是就可以按单输入—单输出控制系统的方法分别设计和调试 n 个子系统，很好地解决多变量控制系统的控制问题。一个两输入—两输出系统的解耦控制原理框图如图 3-7 所示。

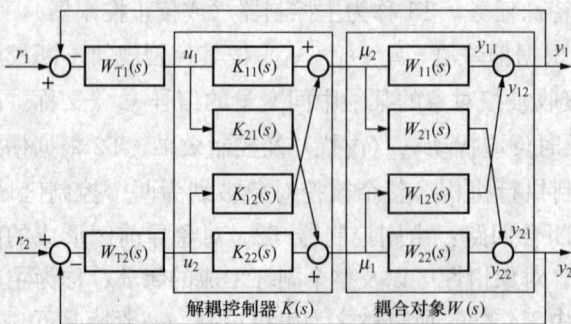

图 3-7　解耦控制系统原理框图

在图 3-7 中，如果没有解耦控制

器 $K(s)$，系统的输出 $y_1 = y_{11} + y_{12}$，而 $y_{11} = \mu_1 W_{11}(s)$，$y_{12} = \mu_2 W_{12}(s)$，这样 μ_1 和 μ_2 对系统的输出 y_1 产生耦合作用，对于输出 y_2 也是如此。在加入解耦控制器 $K(s)$ 后，有

$$\mu_1 = u_1 K_{11}(s) + u_2 K_{12}(s)$$
$$\mu_2 = u_1 K_{21}(s) + u_2 K_{22}(s)$$

则

$$y_1 = [u_1 K_{11}(s) + u_2 K_{12}(s)] W_{11}(s) + [u_1 K_{21}(s) + u_2 K_{22}(s)] W_{12}(s)$$

整理后得

$$y_1 = u_1 K_{11}(s) W_{11}(s) + u_2 K_{12}(s) W_{11}(s) + u_1 K_{21}(s) W_{12}(s) + u_2 K_{22}(s) W_{12}(s)$$

解耦的目的是为了让 y_1 的输出跟踪 r_1 的设定值，这样就要使上式中

$$u_2 K_{12}(s) W_{11}(s) + u_2 K_{22}(s) W_{12}(s) = 0$$

即

$$K_{12}(s) W_{11}(s) + K_{22}(s) W_{12}(s) = 0$$

这样系统就变成了两个简单的单输入—单输出控制系统。图 3-8 所示为解耦后输出 y_1 的控制系统框图。对于输出 y_2 也是如此，这里不再赘述。

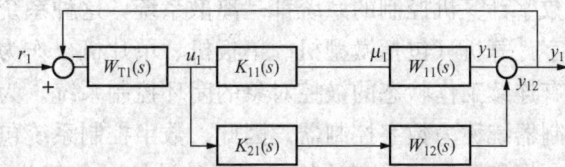

图 3-8　解耦后输出 y_1 的控制系统框图

三、按给定值信号的特点分类

（一）恒值控制系统

若自动控制系统的任务是保持被控量恒定不变，也即使被控量在控制过程结束时被控量等于恒值（给定值），则该系统称为恒值控制系统。这是生产过程中用得最多的一种控制系统，如发电机电压控制、电动机转速控制、电力网的频率（周波）控制和各种恒温、恒压、恒液位控制等都是属于恒值控制系统。

（二）随动控制系统

随动控制系统又简称随动系统，它是给定信号随时间的变化规律事先不能确定的控制系统。随动控制系统的任务是在各种情况下快速、准确地使被控量跟踪给定值的变化，如自动跟踪卫星的雷达天线控制系统、工业控制中的位置控制系统、工业自动化仪表中的显示记录等均属于随动控制系统。

（三）程序控制系统

在程序控制系统中，它的给定值按事先预定的规律变化，是一个已知的时间函数。其控制的目的是要求被控量按确定的给定值的时间函数来改变，如机械加工中的数控机床、加热炉自动温度控制系统等均属于程序控制系统的范畴。

四、按控制系统元件的特性分类

（一）线性控制系统

系统中各组成部分或元件特性可以用线性微分方程来描述，这种系统称为线性系统。线性控制系统的特点是满足叠加原理，即系统存在几个输入时，系统的输出等于各个输入分别作用于系统的输出之和；当系统输入增加或缩小时，系统的输出也按

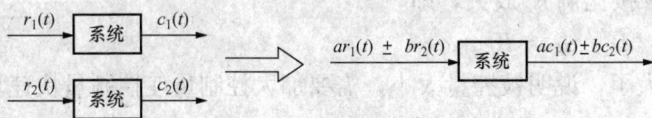

图 3-9　线性控制系统的叠加原理

同样比例增加或缩小，如图 3 - 9 所示。

（二）非线性控制系统

当系统中存在非线性元件或具有非线性特性，就要用非线性微分方程来描述，这类系统称为非线性系统。非线性系统不满足叠加原理。

五、按系统中传输信号对时间的关系来分类

（一）连续控制系统

当系统中各元件的输入量和输出量均是连续量或模拟量时，就称此类系统为连续控制系统（或模拟控制系统）。连续系统的运动规律通常可用微分方程来描述。

（二）离散控制系统

当系统中某处或多处的信号是脉冲序列或数码形式时，这种系统称为离散系统。通常采用数字计算机控制的系统都是离散系统，这种系统也称为数字控制系统。数字控制系统是由数字计算机（包括微型机、单板机、单片机）作为控制器或由其他形式的数字控制器去控制具有连续工作状态的被控对象的闭环控制系统。为了简便，将数字计算机和其他形式的数字控制器统称为数字控制器。因此，数字控制系统包括两大部分，即工作于离散状态下的数字控制器部分和工作于连续状态下的被控对象部分。离散控制系统原理框图如图 3 - 10 所示。离散系统中离散部分的运动规律通常可用差分方程来描述，其分析方法也不同于连续控制系统。

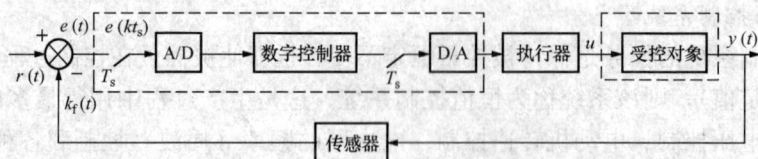

图 3 - 10　离散控制系统原理框图

第二节　自动控制系统的典型控制策略

自动控制理论自诞生以来，不断发展、创新与完善，不同时期针对不同的实际问题，人们提出了解决系统自动控制问题的不同策略，形成了不同特色的理论和技术体系。

一、PID 算法

在闭环控制系统中，控制器按一定的规则将偏差信号转换为控制信号对被控对象实施有效的控制，其控制的有效性就是体现前面所述的对稳定性（包括平衡性）、快速性及准确性的要求。控制器（也称调节器）的设计是构建自动控制系统最主要的任务，而控制策略的确定又是控制器设计的核心。

对于简单的反馈控制系统，常见的控制策略包括以下几种。

（1）比例控制。它将偏差信号 e 按比例 K 放大，即

$$u = Ke$$

这是最基本的控制策略，偏差大了，说明被控量太小，需要加大控制量使控制量快速增大，反之亦然。

（2）微分控制。由于控制系统中被控对象及其相关环节（执行环节、测量环节等）存在

一定的惯性或滞后，致使采用纯比例控制的系统产生振荡甚至失稳。即当偏差 e 为零，控制作用 u 为零时，被控量还要维持一段时间原来的变化过程，形成超调；而往反向调节时，又产生反向超调。如此不断地正反调节，正反超调，产生振荡，如果 K 值取得不合适，会使振荡幅度越来越大，导致失稳。可见，纯比例控制的系统的动态特性较差。解决办法是产生控制作用 u 时，不仅考虑偏差 e 的存在，同时还考虑偏差 e 的变化情况，这就是比例＋微分控制，即

$$u = K\left(e + T_{\mathrm{d}}\frac{\mathrm{d}e}{\mathrm{d}t}\right)$$

式中：T_{d} 为微分时间常数。

微分控制具有预测的特性，改善了控制系统的动态特性。

（3）积分控制。纯比例控制只有偏差 e 存在时才能产生控制信号 u，这样的自动控制系统在许多场合往往是有静差的，即被控量不能精确地达到期望值。因为一旦被控量精确地等于给定值，偏差 $e=0$ 时，有 $u=0$，控制器就不再产生控制作用。而对于一些被控对象，在等于零的控制量作用下，是不可能维持住被控量精确等于给定值的。解决这一问题的办法是在控制作用中引入积分项组成比例＋积分控制，即

$$u = K\left(e + \frac{1}{T_{\mathrm{i}}}\int e\mathrm{d}t\right)$$

式中：T_{i} 为积分时间常数。

积分控制就是对偏差取时间的积分。于是，在控制量 u 中既包含了对现时偏差的响应，又包含了对历史上所产生的偏差的积累。这样即使偏差趋于零时，控制器仍会输出较大的控制量，维持住偏差为零的状态，使控制系统成为无静差的系统。可见，积分控制的作用在于消除控制系统的静差，改善控制系统的静态特性。

在实际的自动控制系统中，为保持系统具有良好的动态特性和静态特性，往往使控制器同时具有比例、微分、积分控制作用，构成比例＋积分＋微分控制，或称为 PID 控制，即

$$u = K\left(e + \frac{1}{T_{\mathrm{i}}}\int e\mathrm{d}t + T_{\mathrm{d}}\frac{\mathrm{d}e}{\mathrm{d}t}\right)$$

其中比例系数 K、积分时间常数 T_{i} 和微分时间常数 T_{d} 分别表示各对应项的权重，只有合理地设置和调整它们才能得到好的控制品质。

在生产过程自动控制的发展历程中，PID 控制是历史最久、生命力最强的基本控制方式。在 20 世纪 40 年代以前，除在最简单的情况下可采用开关控制外，它是唯一的控制方式。此后，随着科学技术的发展特别是电子计算机的诞生和发展，涌现出许多新的控制方法，然而直到现在 PID 控制由于其自身的优点仍然是得到最广泛应用的基本控制方式。

PID 控制律具有以下优点：

（1）原理简单，使用方便。

（2）适应性强，可以广泛应用于化工、热工、冶金、炼油、造纸、建材等各种生产部门。按 PID 控制律工作的自动调节器早已商品化，在具体实现上经历了机械式、液动式、气动式、电子式等发展阶段，但始终没有脱离 PID 控制策略。即使最新式的过程控制计算机，其基本控制策略仍然是 PID 控制律。

（3）鲁棒性强，即其控制品质对被控对象特性的变化不大敏感。

二、自适应控制

在日常生活中，所谓自适应是指生物能改变自己的习性以适应新的环境的一种特征。因此，直观地讲，自适应控制器应当是这样一种控制器，它能自动地、适时地调节系统本身的控制规律和参数，以适应外界或内部引起的各种干扰及系统本身参数的变化，使系统运行在最佳状态。

由此可见，自适应控制（Adaptive Control）的研究对象是具有一定程度不确定性的系统，这里所谓"不确定性"是指描述被控对象及其环境的数学模型不是完全确定的，其中包含一些未知因素和随机因素。

任何一个实际系统都具有不同程度的不确定性，这些不确定性有时表现在系统内部，有时表现在系统的外部。从系统内部来讲，描述被控对象的数学模型的结构和参数，设计者事先并不一定能确切知道。作为外部环境对系统的影响，可以等效地用许多扰动来表示。这些扰动通常是不可预测的，它们可能是确定性的，如常值负载扰动，其幅值和出现的时间是不可预知的；也可能是随机性的，如海浪和阵风的扰动。此外，还有一些量测噪声从不同的测量反馈回路进入系统。这些随机扰动和噪声的统计特性常常是未知的，面对这些客观存在的各式各样的不确定性，如何设计适当的控制作用，使控制器自动地修正自己，使得某一指定的性能指标达到并保持最优或近似最优，这就是自适应控制所要研究解决的问题。

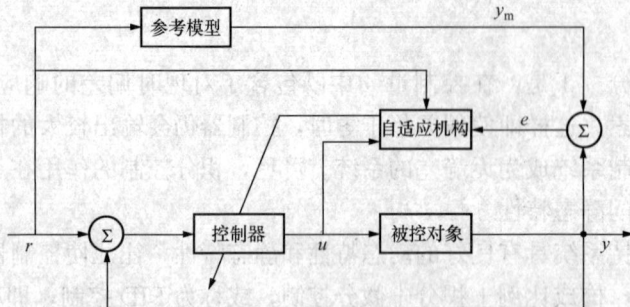

图 3-11　模型参考自适应控制系统原理框图

自从 20 世纪 50 年代末期美国麻省理工学院提出第一个自适应控制系统以来，先后出现过许多不同形式的自适应控制系统。其中比较成熟和比较典型的自适应控制系统是模型参考自适应控制系统（Model Reference Adaptive System，MRAS），它由参考模型、被控对象、反馈控制器和调整控制器参数的自适应机构等部分组成，其原理框图如图 3-11 所示。

从图 3-11 可以看出，这类控制系统包含内环和外环两个环路。内环是由被控对象和控制器组成的普通反馈回路，而控制器的参数则由外环调整。

参考模型的输出 y_m 直接表示了对象输出应当怎样理想地响应参考输入信号 r。这种用模型输出来直接表达对系统动态性能要求的作法，对于一些运动控制系统往往是直观和方便的。

下面介绍控制器参数的自适应调整过程。当参考输入 $r(t)$ 同时加到系统和参考模型的入口时，由于对象的初始参数未知，控制器的初始参数不可能调整得很好。因此，一开始运行系统的输出响应 $y(t)$ 与模型的输出响应 $y_m(t)$ 是不可能完全一致的，结果产生偏差信号 $e(t)$，由 $e(t)$ 驱动自适应机构，产生适当的调节作用，直接改变控制器的参数，从而使系统的输出 $y(t)$ 逐步地与模型输出 $y_m(t)$ 接近，直到 $y(t) = y_m(t)$、$e(t) = 0$ 后，自适应参数调整过程也就自动终止。当对象特性在运行中发生了变化时，控制器参数的自适应调整过程与上述过程完全一样。设计这类自适应控制系统的核心问题是如何综合自适应调整律（简称自适应律），即自适应机构所应遵循的算法。

虽然自适应控制在许多领域都有过成功的应用范例，但是，由于其算法的复杂性及其工程应用上的实现问题，它并没有像 PID 那样广泛使用。

三、预测控制

预测控制，也称模型预测控制（Model Predictive Control），是 20 世纪 70 年代后期直接从工业中发展来的一类新型计算机控制算法。它是一种面向工业过程的特点、对模型要求低、控制综合质量好、在线计算方便的优化控制算法。其主要思想是由 Richalet 等人在 1978 年发表的论文中提出来的，核心思想为滚动优化。由于它采用多步输出预测、滚动优化和反馈校正等控制策略，因而控制效果好、鲁棒性强，适用于控制不易建立精确数学模型且比较复杂的工业过程。所以一经问世，就引起了工业控制界的广泛兴趣，在石油、化工和航空等领域中得到十分成功的应用。

预测控制系统的一般结构如图 3-12 所示。

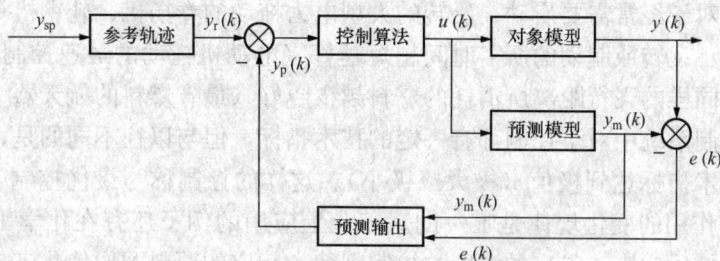

图 3-12　预测控制系统的一般结构简图

预测控制发展至今，虽然有不同的表示形式，但归纳起来，它的任何算法形式不外乎包括预测模型、滚动优化、反馈校正三个方面，并且具有如下特点：

（1）预测模型的多样性。预测模型是模型预测的基础，它的功能是根据对象的历史信息和未来输入预测其未来输出。预测模型的形式可以是传递函数、状态方程等。对于稳定的线性系统，可以采用有限脉冲响应或有限阶跃响应等非参数模型。同时非线性模型、模糊辨识、神经网络也被用作预测模型。正是由于预测模型具有展示系统未来动态行为的功能，使得我们可以像在系统仿真时那样，任意地给出未来的控制策略，观察对象在不同控制策略下的输出变化，从而为比较这些控制策略的优劣提供了基础。

（2）滚动优化。模型预测控制是一种优化算法，它是通过某一种性能指标的最优来确定未来的控制作用的。但预测控制的优化与传统意义的离散最优控制算法不同，离散最优控制是采用一个不变的全局优化目标，预测控制采用滚动优化模式，其优化性能指标只涉及从该时刻起未来有限的时间，而到下一采样时刻，这一优化时段同时向前移动。

（3）反馈校正。预测控制是一种闭环控制算法。在实际应用中，预测模型的预测输出与对象实际输出之间存在着一定的偏差，称之为预测误差，为克服这个误差一般用反馈校正的方法。反馈校正的形式主要有两种，一种是在维持预测模型不变的基础上，对未来的误差做出预测并补偿；另一种是利用在线辨识的原理直接对预测模型加以在线校正。预测控制的优化不仅基于模型，而且利用了反馈信息，因而构成了闭环优化。

上述三个特征，体现了预测控制更能符合复杂系统控制的不确定性与时变性的实际情况，这也是预测控制在复杂控制领域中得到重视和应用的根本原因。

由于预测控制的特点和在电力、石油、化工等行业的成功应用，再加上可观的经济效益，许多大公司不断推出和更新各种预测控制工程软件产品，成为预测控制应用广泛、成熟的另一个标志，为预测控制的应用起到了促进和桥梁的作用。MATLAB 软件包中有模型预测控制工具箱，在控制系统设计、调试、计算机仿真方面得到了广泛应用。

从上述内容也可以看出，预测控制也属于自适应控制范畴。与自适应控制一样，由于预测控制算法的复杂性及其工程应用上的实现问题，它也没能像 PID 那样广泛使用。

四、最优控制

对于一个自动控制系统的设计和构成，自然会提出一定的技术要求（性能指标），例如系统必须是稳定的，在典型的输入作用下稳态误差要小（或者等于零），调节过程的时间不能太长以及被控变量（系统输出）不能在调节过程中冲过头（超调）太多，等等。如果选用 PID 控制器来控制，则控制器的比例、积分和微分项前的三个系数可以有很多种组合，都能达到相同的某一项或几项技术要求（指标）。然而在有些自动控制系统中，提出的技术要求是很高的。例如对于经常需要启动、反转的大型电力拖动的卷扬机、轧钢机等而言，希望大型电动机的启动、反转或制动的所需时间越短越好（电动机拖动的最速控制系统）；对于航天飞行器则希望同样的飞行距离所消耗的燃料越少越好（最省燃料的航天器飞行控制系统）。这一类的自动控制系统中对于控制都有一定的技术指标，但与以往不同的是，通过设计控制作用要使这个技术指标达到极值（极大或极小）。这样的控制称为最优控制（Optimal Control），它的控制作用的变化规律是唯一的。工业上应用的例子还有在化学工业的过程控制中，选择一个被控反应塔（釜）的温度的控制规律和相应的原料配比使化工反应过程的产量最多。

最优控制问题的实质，就是确定给定条件下给定系统的控制规律，致使系统在规定的性能指标下具有最优值。也就是说，最优控制就是要寻找容许的控制作用（规律），使动态系统（被控对象）从初始状态 $x(t_0)$ 转移到某种要求的终端状态 $x(t_f)$，且保证所规定的性能指标（目标函数）达到最大（小）值。最优控制问题的示意图如图 3-13 所示。

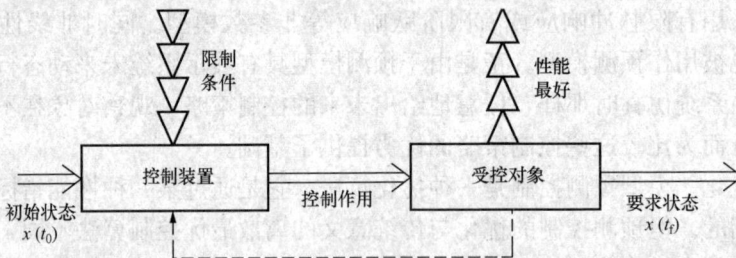

图 3-13　最优控制问题示意图

在状态空间中，要使系统的状态由初始状态 $x(t_0)$ 转移到终端状态 $x(t_f)$，可以用不同的控制规律来实现。性能指标可以用来衡量控制系统在每一种控制规律作用下工作的优劣。性能指标的内容与形式，主要取决于最优控制问题所要完成的任务。因此，不同的最优控制问题就应有不同的性能指标。性能指标又称为性能泛函、目标函数、评价函数、代价函数等。

在工程实际中，目标函数的解析式是很难写出的，由此求出 $u^*(t)$ 的解析解是更为困难的事。因此，最优控制在工程中的大范围应用受到了限制。

五、鲁棒控制

控制系统的鲁棒性研究是现代控制理论研究中一个非常活跃的领域，鲁棒性问题最早出现在 20 世纪人们对于微分方程的研究中。但是什么叫做鲁棒性呢？其实这个名字是一个音译，其英文拼写为 Robust，也就是健壮和强壮的意思。控制专家用这个名字来表示当一个控制系统中的参数发生摄动时，系统能否保持正常工作的一种特性或属性。就像人在受到外界病菌的感染后，是否能够通过自身的免疫系统恢复健康一样。

20 世纪 60～70 年代，状态空间的结构理论的形成是现代控制理论的一个重要突破。状态空间的结构理论包括能控性、能观性、反馈镇定和输入输出模型的状态空间实现理论，它连同最优控制理论和卡尔曼滤波理论一起，使现代控制理论形成了严谨完整的理论体系，并且在宇航和机器人控制等应用领域取得了惊人的成就。但是这些理论要求系统的模型必须是已知的，而大多实际的工程系统都运行在变化的环境中，很难获得精确的数学模型，致使很多理论在实际的应用中并没有得到预期的效果。到了 1972 年，鲁棒控制这个术语在科技文献中首先被提出，但是对于它的精确定义至今还没有一致的说法。其主要分歧就在于对于摄动的定义上面，摄动分很多种，是否每种摄动都要包括在鲁棒性研究中呢？尽管存在分歧，但是鲁棒性的研究没有受到阻碍，其发展的势头有增无减。

一般鲁棒控制系统的设计是以一些最差的情况为基础，因此一般系统并不工作在最优状态。常用的设计方法包括 INA 方法、同时镇定、完整性控制器设计、鲁棒控制、鲁棒 PID 控制以及鲁棒极点配置、鲁棒观测器等。

鲁棒性的一般定义是，系统在一定（结构、大小）的参数摄动下，维持某些性能的特性。

定义中强调参数摄动的结构和大小，是因为在鲁棒性分析和设计中必须考虑参数的摄动，参数的摄动表征了系统的不确定性。系统要维持的某些特性可以是稳定性，也可以是某些性能指标。

如果我们讨论的鲁棒性，是系统在一定的参数摄动范围内维持稳定性的特性，则称为稳定鲁棒性；如果我们讨论的特性是某些性能指标，则称为性能鲁棒性。显然，一个系统是性能鲁棒的，也必须同时是稳定鲁棒的。

鲁棒度的定义是系统在维持某些特性的条件下，所允许的某类参数摄动的最大度量，又称鲁棒测度。

鲁棒度对鲁棒性的程度进行了定量描述。系统的鲁棒度依赖于系统要维持的特性和参数摄动的结构。对参数摄动结构了解得越多，且对系统的要求越低（如仅要求稳定性），则得到的鲁棒度必然越大。

鲁棒控制理论发展到今天，已经形成了很多引人注目的理论。其中 H_∞ 控制理论是目前解决鲁棒性问题最为成功且较完善的理论体系也得到了广泛的应用。当前这一理论的研究热点是在非线性系统控制问题。另外还有一些关于鲁棒控制的理论如结构异值理论和区间理论等。

综上所述，可以看出，鲁棒控制是一种控制器的设计方法，而不是一种控制策略。

根据鲁棒控制原理设计的控制器往往是很复杂的，在工程上有时是很不实用的。为了便于工程应用，通常设计鲁棒 PID 控制器。但由于鲁棒控制理论的复杂性，限制了它在工程上的大范围应用。

六、智能控制

所谓智能控制，就是模拟人的思维进行控制，没有算法解。20 世纪 80 年代以来，随着微型计算机的高速发展，智能控制得到了空前的发展及应用。但是，智能控制是一门边缘交叉学科，目前还缺少一种比较合适的数学工具和理论体系来描述智能控制问题，还需要广大的数学、控制理论、计算机科学、生物工程等学科工作者的努力建立起一套完整的智能控制理论与体系。下面仅介绍目前研究及应用比较广泛的三种智能控制方法。

（一）专家控制

人工智能有许多备受关注的领域，其中专家系统就是对传统人工智能问题中智能程序设计的一个非常成功的近似解决方法。专家系统研究的先导者之一，斯坦福大学的 Edward Feigenbaum 教授是这样定义专家系统的：一个智能的计算机程序，使用知识和推理过程来解决问题。就是说，专家系统就是一个计算机软件程序系统来模拟人类专家的决策能力。模拟就意味着专家系统在各个方面如同人类专家一样。模拟比模仿更进一步，模仿只是要求在某些方面类似。

1. 专家控制系统的结构

典型的专家控制系统由知识库、数据库、推理机、解释部分及知识获取等部分组成，如图 3-14 所示。

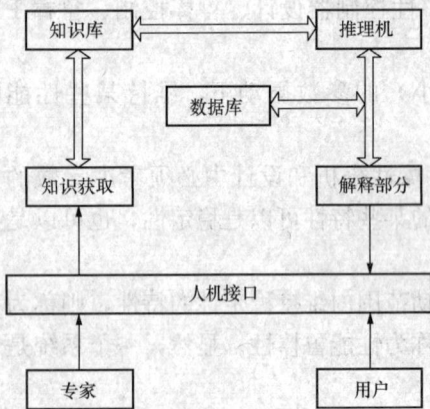

图 3-14　专家系统结构框图

（1）知识库是专家系统第一个重要组成部分，它存储以适当形式表示的从专家那里得到的关于某个领域的专门知识、经验以及书本知识和常识，它是领域知识的存储器。知识库的内容包括两类：一是领域的事实知识，即共有的理论知识；二是试探式知识，它是人类专家在一个领域内实践中得到的正确经验。知识库的可用性、确实性和完善性三方面是设计专家系统知识库的性能指标。知识库的性能是专家系统取得高符合率的基础。

（2）数据库用来存入专家系统领域内的初始数据和推理得到的中间结果和最终结果。例如气象专家系统的数据库中存放的是当前的气象要素（气压、温度、湿度、云量等初始数据），以及推理得到的未来天气发展趋势的中间数据和需要输出的某时某地的天气预报数据。

（3）推理机不是硬设备，而是一组程序，用来控制和协调整个系统的运行。它根据初始数据，利用知识库中的知识，按一定的推理策略，去解决当前的问题。

（4）解释部分也是一组程序，用来向用户解释与推理结果有关的一些问题。

（5）知识获取部分是一组数据，用来建立、修改和扩充知识库。知识获取部分应具有以下功能：①将新知识加入知识库；②删除知识库中不符

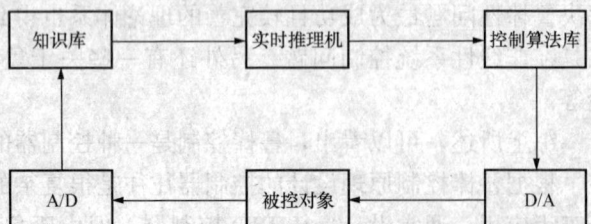

图 3-15　专家控制系统基本结构图

合可用性、确实性、完善性的知识；③根据实践结果，校验知识库中规则的可靠性；④根据实践的结果总结出新的知识，并且存入知识库中。另外，还有控制器对整个专家系统工作过程进行控制、管理和协调。

专家控制系统基本结构如图 3-15 所示。

2. 专家控制系统的分类

专家控制系统分为直接型专家控制器和间接型专家控制器。

(1) 直接型专家控制器用于取代常规控制器，直接控制生产过程或被控对象。具有模拟（或延伸、扩展）操作工程师智能的功能，该控制器的任务和功能相对比较简单，但需要在线、实时控制。因此，其知识表达和知识库也较简单，通常由几十条产生式规则构成，以便于增删和修改。直接型专家控制器的结构如图 3-16 中的虚线部分所示。

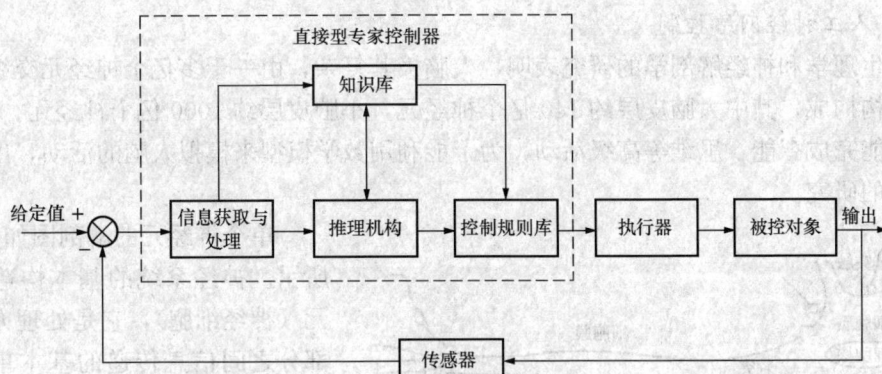

图 3-16 直接型专家控制器的结构

(2) 间接型专家控制器用于和常规控制器相结合，组成对生产过程或被控对象进行间接控制的智能控制系统。具有模拟（或延伸、扩展）控制工程师智能的功能，该控制器能够实现优化、适应、协调、组织等高层决策的智能控制。按照高层决策功能的性质，间接型专家控制器可分为以下几种类型。

1) 优化型专家控制器：基于最优控制专家知识和经验的总结和运用。通过设置整定值、优化控制参数或控制器，实现控制器的静态或动态优化。

2) 适应型专家控制器：基于自适应控制专家的知识和经验的总结和运用。根据现场运行状态和测试数据，相应地调整控制律，校正控制参数，修改整定值或控制器，适应生产过程、对象特性或环境条件的漂移和变化。

3) 协调型专家控制器：基于协调控制专家和调度工程师的知识和经验的总结和运用。用以协调局部控制器或各子控制系统的运行，实现大系统的全局稳定和优化。

4) 组织型专家控制器：基于控制工程组织管理专家或总设计师的知识和经验的总结和运用。用以组织各种常规控制器，根据控制任务的目标和要求，构成所需要的控制系统。

间接型专家控制器可以在线或离线运行。通常优化型、适应型需要在线、实时、联机运行；协调型、组织型可以离线、非实时运行，作为相应的计算机辅助系统。

间接型专家控制器的结构如图 3-17 所示。

顾名思义，专家控制的核心就是专家的经验，因此，一个专家控制系统设计的好坏，人为因素是第一位的。建立专家控制系统的专家，不但要有人工智能的理论知识，还要有领域专家的工程经验，这给专家控制的广泛应用带来困难。

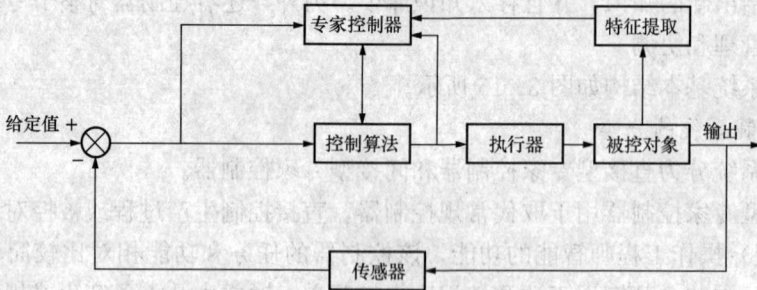

图 3-17 间接型专家控制器的结构

（二）人工神经网络控制

神经生理学和神经解剖学的研究表明，人脑极其复杂，由一千多亿个神经元交织在一起的网状结构构成，其中大脑皮层约 140 亿个神经元，小脑皮层约 1000 亿个神经元。

人脑能完成智能、思维等高级活动，为了能利用数学模型来模拟人脑的活动，出现了对神经网络的研究。

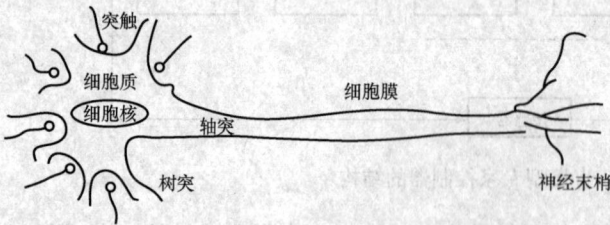

图 3-18 单个神经元的解剖图

单个神经元的解剖图如图 3-18 所示。神经系统的基本构造是神经元（神经细胞），它是处理人体内各部分之间信息传递的基本单元。每个神经元都由一个细胞体、一个连接其他神经元的轴突和一些向外伸出的其他较短分支——树突组成。轴突的功能是将本神经元的输出信号（兴奋）传递给别的神经元，其末端的许多神经末梢使得兴奋可以同时传送给多个神经元。树突的功能是接收来自其他神经元的兴奋信号。神经元细胞体将接收到的所有信号进行简单的处理后，由轴突输出。神经元的轴突与其他神经元神经末梢相连的部分称为突触。

由于突触的信息传递特性是可变的，随着神经冲动传递方式的变化，传递作用强弱不同，形成了神经元之间连接的柔性，称为结构的可塑性。

神经元具有如下功能：

（1）兴奋与抑制。如果传入神经元的冲动信号经整合后使细胞膜电位升高，超过动作电位的阈值时即为兴奋状态，产生神经冲动信号，由轴突经神经末梢传出。如果传入神经元的冲动信号经整合后使细胞膜电位降低，低于动作电位的阈值时即为抑制状态，不产生神经冲动信号。

（2）学习与遗忘。由于神经元结构的可塑性，突触的传递作用可增强和减弱，因此，神经元具有学习与遗忘的功能。

人工神经网络（Artificial Neural Network）是采用物理可实现的器件或采用现有的计算机来模拟生物体中神经网络的某些结构与功能，从形式上来看是一个由大量简单神经单元连接而成的复杂的网络。其中，每个人工神经元模型（接点）可以模拟生物神经元信息的传递特性，其输入、输出关系如图 3-19 所示。

图 3-19 中 $x_i(i = 1, 2, \cdots, n)$ 为加于输入端（突触）上的输入信号；w_i 为相应的突触连接权系数，它是模拟突触传递强度的一个比例系数；$\sum$ 表示突触后信号的空间累加；θ 表示神经元的阈值；f 表示神经元的响应函数。该模型的数学表达式为

$$s = \sum_{i=1}^{n} w_i x_i - \theta$$
$$y = f(s)$$

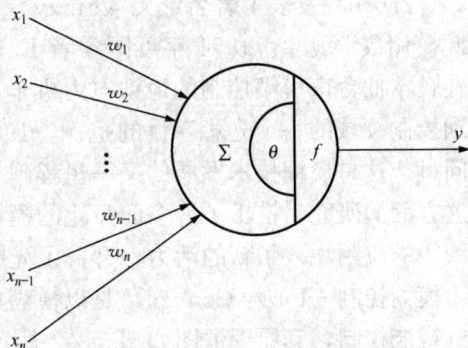

图 3-19　人工神经元模型

当输入信号的加权和大于阈值 θ 时，s 大于 0，表明神经元兴奋，y 取某一个值；否则，s 小于 0，表明神经元抑制，y 取另一个值。常用的响应函数 f 有阈值单元、线性单元、非线性单元等几种类型。

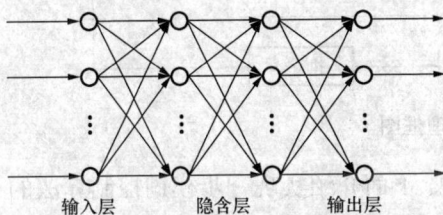

图 3-20　前馈型（BP 网络）人工神经网络

人工神经网络是以数学手段来模拟人脑神经网络的结构和特征的系统。利用人工神经元可以构成各种不同拓扑结构的神经网络，从而实现对生物神经网络的模拟和近似。目前神经网络模型的种类相当丰富，已有近四十余种神经网络模型，其中典型的有多层前向传播网络（BP 网络）、Hopfield 反馈网络、CMAC 小脑模型、ART 自适应共振网络等。图 3-20 所示为一个典型的多层前向传播的前馈型（BP 网络）人工神经网络。

神经网络的主要应用有以下几个方面。

（1）故障诊断。神经网络由于具有模拟任何连续非线性函数的能力和利用样本学习的能力，因而它已被用于复杂系统的故障诊断中。

（2）系统辨识。

1）将神经网络作为被辨识系统的模型，可在已知常规模型的情况下，估计模型的参数。

2）利用神经网络的线性、非线性特性，可建立线性、非线性的静态、动态、逆动态及预测模型，实现系统的建模和辨识。

（3）神经网络控制器。神经网络作为控制器，可对不确定、不确知系统及扰动进行有效的控制，使控制系统达到所要求的动态、静态特性。

（4）神经网络用于优化计算。在常规的控制系统中，常遇到求解约束优化问题，神经网络为这类问题的解决提供了有效的途径。

目前，神经网络控制已经在多种控制结构中得到应用，如 PID 控制、模型参考自适应控制、前馈反馈控制、内模控制、预测控制等。将神经网络与专家系统、模糊逻辑、遗传算法等相结合，可设计新型智能控制系统。

神经网络的训练需要迭代计算，即使现代的计算机也要花很长时间。因此，在工业过程控制中，由于实时性的需要，复杂的神经网络还很难使用。

（三）模糊控制

1965 年美国帕克利加州大学（University of California at Berkeley）教授扎德

（L. A. Zadeh）发表了著名论文《Fuzzy Sets》，提出了模糊性问题，给出了其定量描述方法，从此模糊数学诞生。1974 年英国学者 E. H. Mamdani 将模糊数学用于自动控制系统。1987 年在日本仙台市模糊控制的地铁电力机车自动运输系统投入运行，是模糊逻辑成功地应用于自动控制领域的一个光彩夺目的范例。1985 年世界上第一块模糊逻辑芯片在美国贝尔实验室问世，这是模糊技术发展的又一里程碑。日本、美国、德国等国许多著名的公司都积极从事这方面的研究，推出了许多商品化的模糊逻辑芯片。这给模糊技术的应用特别是在自动化领域中的应用注入了新的活力，开辟了光辉诱人的前景。

模糊控制（Fuzzy Control）是以模糊集合论、模糊语言变量及模糊逻辑推理为基础的计算机智能控制，其原理框图如图 3 - 21 所示。它的核心部分为模糊控制器。

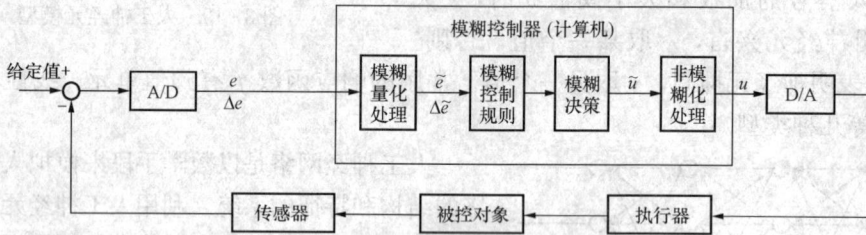

图 3 - 21　模糊控制原理框图

模糊控制器的控制规律是由计算机的程序实现的。下面介绍实现一步模糊控制算法的过程。微机经中断采样获取被控制量的确切值，然后将此量与给定值比较得到误差信号 e，并求出 e 的变化率 Δe。选择误差信号 e 和其变化率 Δe 作为模糊控制器的两个输入量。把 e 和 Δe 的确切量进行模糊化转换成模糊量。e 和 Δe 的模糊量可用相应的模糊语言表示，得到 e 和 Δe 的模糊语言集合的子集 $\tilde{e}$、$\Delta\tilde{e}$（模糊矢量），再由 $\tilde{e}$、$\Delta\tilde{e}$ 和模糊控制规则 $\tilde{R}$（模糊算子）根据推理的合成规则进行模糊决策，得到模糊控制量 $\tilde{u}$，再把模糊运算结果 $\tilde{u}$ 转换成确切量 u 进行控制。

由图 3 - 21 可知，模糊控制系统与通常的计算机数字控制系统的差别仅仅是控制算法采用了模糊运算，从控制器的外观上来讲，这两种控制系统并没有什么两样。

模糊控制器是模糊控制系统的核心，一个模糊控制系统的性能优劣，主要取决于模糊控制器的结构、所采用的模糊规则、合成推理算法和模糊决策的方法等因素。

模糊控制已经得到了成功的应用，如模糊控制在家电中的应用，模糊控制在过程控制中的应用，模糊控制在机电行业中的应用等。

虽然模糊控制有许多成功应用的范例，但是模糊控制器的设计取决于领域专家的经验，因此，在工业过程控制工程中并没有大范围使用。

第四章　自动化领域的主要内容

控制论的形成已有六十多年的历史。在这六十多年的发展过程中，控制论的内容发生了翻天覆地的变化。特别是与其他学科的结合及控制学科本身的分化，标志着自动化学科的科学技术已向纵深及横向综合发展。特别是计算机的普遍应用，有些早期的控制系统的分析方法已不实用，使得自动化领域的内容在不断更新和扩大。本章将对自动化领域的主要内容做一概述。

第一节　控制理论与方法研究

由于自动化的概念起源于最早的自动控制，所以自动化领域的首要研究内容就是自动控制理论。

一个控制系统总是由传感器、控制器、执行器和被控对象组成。因此，对自动控制理论的研究就是对控制系统组成部分的研究。

一、检测理论与方法

过程检测是实现生产过程自动化、改善工作环境、提高劳动生产率的一个必不可缺的重要环节。实施任何一种控制，首要问题是要准确及时地把被控参数检测出来，并变换成为调节、控制装置可识别的方式，作为过程控制装置判断生产过程的依据。在我们研究的各类系统中，被检测的物理量大多是非电量，主要有温度、湿度、压力、流量、物位、成分、密度、力、应变、位移、速度、加速度、振幅等。而电量的测量是比较容易的，如电流、电压、电抗、功率、频率等。因此，非电量的检测构成了检测技术的基本内容。

（一）检测系统的组成与功能

检测系统的主要作用在于测量各种参数以用于显示或控制。一般检测系统都包括传感器、测量电路、显示或输出几部分，如图 4-1 所示。

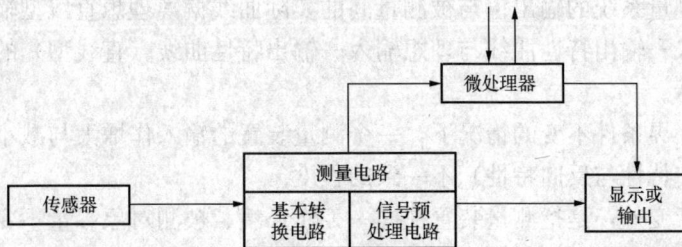

图 4-1　检测系统构成

1. 传感器

传感器是将各种非电量（包括物理量、化学量和生物量等）按一定规律转换成便于处理和传输的另一种物理量（一般为电量）的装置。通常又把传感器称为敏感元件、检测元件、一次元件等。它是检测系统中的关键环节。

2. 测量电路

测量电路的功能是将传感器输出的电信号进行放大、线性化、滤波、转换等处理后，变换成标准的信号输出给测量链中后续仪表。一般标准的输出信号是电压（1～5V）或电流（4～20mA）。

由于微计算机技术的迅猛发展，出现了智能检测仪表系统。它是把测量电路的输出或直接把传感器的输出信号经过模/数转换后送给检测系统中的微型计算机，微型计算机对被检测信号进行分析、判断、推理，产生控制量，或进行显示。由于是微机系统，所以智能仪表还具有记忆、存储、解析、统计处理和自诊断、自校正、自适应等功能。智能检测仪表的输出是数字量信号，而且它也能接收其他仪表或上位计算机送来的数字信号。为了把各种仪表连接在一起，构成一个全数字化的自动化系统，要求智能仪表必须按某一种通信协议与其他仪表或上位计算机进行通信。我们将这种仪表系统称为总线式控制系统。

3. 显示或输出

显示或输出部分是检测系统向观察者显示或输出被测量数值的装置。该部分包括显示和打印记录装置、数据处理装置等。显示方式有指针式、数字式、屏幕式三种。

（二）检测系统的特性

为了获得准确的测量结果，检测系统应满足一定的特性要求，大多数场合，此特性常常是针对输入—输出特性而言的。检测系统输入—输出特性主要包括静态特性和动态特性。

1. 静态特性

当检测系统进行测量时，若被测参数不随时间变化或随时间变化比较缓慢，可不必考虑系统输入量与输出量之间的动态关系（或称瞬态响应），而只需考虑输入量与输出量之间的静态关系。表示输入—输出静态特性的数学模型为代数方程，不含时间变量。静态特性一般包括准确度、灵敏度、分辨率、线性度和滞环等。

准确度是指检测装置给出接近于被测量真值的示值的能力。所谓示值，是指由测量装置提供的被测量的量值，包括记录仪表的记录值、测量装置的测量输出等。

灵敏度是测量装置或系统响应变化（输出量增量）与相应激励变化（输入量增量）之间的函数关系，它表示单位被测量的变化所引起的检测系统输出量的变化量。

分辨率是指测量装置能够区分被测量最小变化量的能力。

线性度是指测量系统的输出值与被测量间的实际曲线偏离理想直线型输入输出特性的程度。常用实测输入—输出特性曲线与理想输入—输出特性曲线（直线型）的最大偏差对量程之比的百分数表示。

变差表示在外界条件不变的情况下，一个测量装置的输入作增大与减小变化时，其输出特性（仪表的正向特性与反向特性）不一致的程度。

重复性有别于变差，是指测量装置在同一工作环境、被测对象参量不变条件下，输入量按同一方向作全量程变化，进行多次（三次以上）测量，其输入—输出特性不一致的程度。

再现性是指测量装置对被测量进行测量之后，经过一段时间后再在原测量条件相同的情况下，再次进行测量时，其输入—输出特性不一致的程度。

2. 动态特性

动态特性是指检测系统对随时间而变化的被测量所响应的性能。动态特性与静态特性的区别在于其输出量与输入量之间的关系并非一个定值，而是时间的函数，并随输入信号的频率不同而不同。检测仪表或系统在测量动态（或非稳态、非静态）参数时，除了存在静态误差（或稳态误差）外，还可能产生动态误差。动态误差是指测量系统中被测参数信息处于变动状态下仪表示值与被测参数实际值之间的差异。其产生原因是由于感测元件和测量系统中各种运动惯性及能量传递需要时间所造成的。衡量各种运动惯性的大小及能量传递的快慢，常采用时间常数 T 和滞后时间 τ。

图 4-2 表明了被测量的仪表示值与其响应时间的关系。图中的 T 即为该测量系统的时间常数，它是表征仪表示值上升快慢的一个指标。T 越大，曲线上升越慢，动态误差存在的时间越长；T 越小，曲线上升越快，动态误差存在时间越短。在测量系统中，人们希望 T 越小越好。

图 4-3 表明了被测量的仪表示值有迟延时与其响应时间的关系。图中的 τ 即为该测量系统的滞后时间。滞后时间表明，当被测量作阶跃变化时，感测元件的仪表示值不能立即反映出其变化，而是要滞后一段时间 τ 才能开始反映。在滞后时间 τ 内，动态误差最大且一直存在，而不像时间常数 T 对动态误差的响应是逐渐减小的，故对测量或控制对象而言，要求 τ 越小越好。

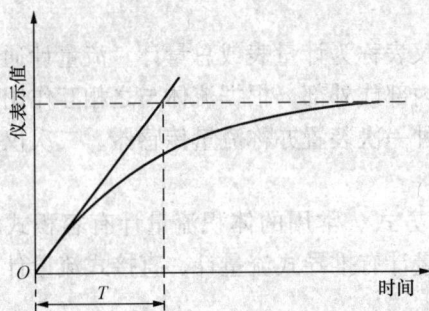

图 4-2　仪表示值与响应时间的关系　　图 4-3　仪表示值有迟延时与响应时间的关系

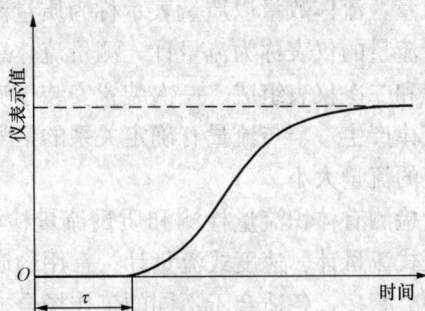

（三）过程参数检测技术

1. 温度检测

温度是一个重要的物理量，它是国际单位制（SI）七个基本物理量之一，也是工业生产过程中的主要工艺参数之一。物体的许多性质和现象都与温度有关，很多重要的过程只有在一定的温度范围内才能有效地进行。因此，对温度进行准确的测量和可靠的控制，在工业生产和科学研究中都具有重要意义。

温度测量方式有接触式测温和非接触式测温两大类。采用接触式测温时，温度敏感元件与被测对象接触，依靠传热和对流进行热交换，二者需要良好的热接触，以获得较高的测量准确度。但是这往往会破坏被测对象的热平衡，存在置入误差。由于测量环境的特点，对温度敏感元件的结构和性能要求较高。采用非接触式测温方法，温度敏感元件不与被测对象接触，而是通过热辐射进行热交换，或者是温度敏感元件接收被测对象的部分热辐射能，由热辐射能的大小推出被测对象的温度。用这种方法测温响应快，对被测对象干扰小，可用于测量高温、运动的被测对象和有强电磁干扰、强腐蚀的场合。

常用的温度测量仪表有热电偶、热电阻、光纤测温仪、光电测温仪等。

2. 压力检测

压力是工业生产过程中重要工艺参数之一。许多工艺过程只有在一定的压力条件下进行，才能取得预期的效果。压力的监控也是安全生产的重要保证。压力的检测和控制是保证工业生产过程经济性和安全性的重要环节。压力测量仪表还广泛地应用于流量和液位的间接测量方面。

压力不同于温度，它的表示方法很多，通常有绝对压力、大气压力、表压力、真空度、差压等。

压力检测的主要方法有重力平衡法、机械力平衡法、弹性力平衡法、物性测量法等。

常用压力检测仪表有弹性压力计、力平衡式压力计、压力传感器等。

3. 流量检测

在生产过程中，为了有效地进行操作、控制和监视，需要检测各种流体的流量。物料总量的计量也是经济核算和能源管理的重要依据。流量检测仪表是发展生产、节约能源、改进产品质量、提高经济效益和管理水平的重要工具，是工业自动化仪表与装置中的重要仪表之一。

流体的流量是指在短暂时间内流过某一流通截面的流体数量与通过时间之比，该时间足够短以至可以认为在此期间的流动是稳定的，此流量又称瞬时流量。流体数量以体积表示称为体积流量，流体数量以质量表示称为质量流量。

测量流量的仪表称为流量计，测量流体总量的仪表称为计量表或总量计。流量计通常由一次装置和二次仪表组成。一次装置安装于流道的内部或外部，根据流体与之相互作用关系的物理定律产生一个与流量有确定关系的信号，这种一次装置亦称流量传感器。二次仪表则给出相应的流量大小。

流量检测有体积流量检测和质量流量检测两种方式。常用的体积流量计有容积式流量计、差压式流量计、速度式流量计。常用的质量流量计有推导式流量计、直接式流量计。流量计的种类繁多，各适合于不同的工作场合。

4. 物位检测

物位检测是对设备和容器中物料储量多少的度量。物位检测为保证生产过程的正常运行，如调节物料平衡、掌握物料消耗数量、确定产品产量等提供可靠依据。在现代工业生产自动化过程监测中物位检测占有重要的地位。

物位分以下三种：

（1）液位，指设备和容器中液体介质表面的高低。

（2）料位，指设备和容器中所储存的块状、颗粒或粉末状固体物料的堆积高度。

（3）界位，指相界面位置。容器中两种互不相溶的液体，因其重度不同而形成分界面，为液—液相界面；容器中互不相溶的液体和固体之间的分界面，为液—固相界面。液—液、液—固相界面的位置简称界位。

物位是液位、料位、界位的总称。对物位进行测量、指示和控制的仪表，称为物位检测仪表。

由于被测对象种类繁多，检测的条件和环境也有很大差别，所以物位检测的方法多种多样。但是，到目前为止，仍有许多物位的测量是很困难的。

5. 机械量检测

机械量包括长度、位移、速度、转角、转速、力、力矩、振动等参数。其中检测位移和力的大小是机械量检测的主要任务。

机械量的检测方法按检测原理可分为机械式、电气电子式、光学式等。其中机械式方法最早被使用，因其成本低廉，至今在工业仪表中仍有许多应用。

机械式检测仪表是通过波纹管、平面膜、弹簧管等受力变形来显示由作用力产生的位移，由此可以检测作用力和位移。

电气电子式检测仪表的检测范围包括：通过膜片电极板之间的电容量变化来检测作用力、位移和角度；通过改变磁铁和物体间的相对距离，用磁感应传感器检测出磁场变化，由此可以检测位移；通过移动差动变压器的铁芯也可以检测位移；通过可变电阻或电位器的接点可以检测位移和角度；通过在压敏导电橡胶上贴 X、Y 二维电极线，构成开关元件，可以检测作用力和位移；变形可使金属的形状发生变化，阻值也发生变化，由此检测变形和作用力；将硅晶体加工成平膜片或臂梁，在上面扩散或注入离子制成压敏电阻，可以检测作用力、变形、位移和加速度；在压电材料（陶瓷、高分子、结晶）的上下面贴上电极，可以检测作用力、变形、加速度、振动。

光学式检测仪表一般由激光、透镜、反射板、光敏元件、光纤等组成，利用光强、相位、频率等变化来检测位移、作用力、变形和加速度。

6. 成分分析

成分分析仪表是对物质的成分及性质进行分析和测量的仪表。使用成分分析仪表可以了解生产过程中的原料、中间产品及最终产品的性质及含量，配合其他有关参数的测量，更易于使生产过程达到提高产品质量、降低材料消耗和能源消耗的目的。成分分析仪表在保证生产安全和防止环境污染方面更有其重要的作用。

成分分析的方法有两种类型，一种是定期取样，通过实验室测定的实验室分析方法；另一种是利用可以连续测定被测物质的含量或性质的自动分析仪表。成分分析所用的仪器和仪表基于多种测量原理，在进行分析测量时，需要根据被测物质的物理或化学性质，来选择适当的手段和仪表。

（四）智能数据检测

智能数据检测系统是以单片机为核心的智能仪器，它包括测量、检验、故障诊断、信息处理和决策输出等多种内容，具有比传统的"测量"远远丰富的范畴，是检测设备模仿人类专家信息综合能力的结晶。由于智能数据检测系统充分开发利用计算机资源，在人工最少参与的条件下尽量以软件实现系统功能，因此智能数据检测系统具有测量过程软件控制、智能化数据处理、高度的灵活性、实现多参数检测与信息融合、测量速度快和智能化功能强等特点。

智能数据检测系统的典型结构由上位机（主机，一般为 PC 工控机）、下位机（分机，以单片机为核心、带有标准接口的仪器）和相应的软件组成。下位机根据上位机命令，实现传感器测量采样、初级数据处理以及数据传送。上位机负责系统的协调工作，输出对分机的命令，对下位机传送的测量数据进行分析处理，输出智能检测系统的测量、控制和故障检测结果。智能数据检测系统的硬件基本结构如图 4-4 所示。

智能数据检测分为下面三种类型。

1. 虚拟仪器

虚拟仪器（Virtual Instrument，VI）是计算机技术同仪器技术有机结合产生的全新概念的仪器，是仪器领域内的一次革命。此后经过十多年的发展，虚拟仪器已逐渐成为热门技

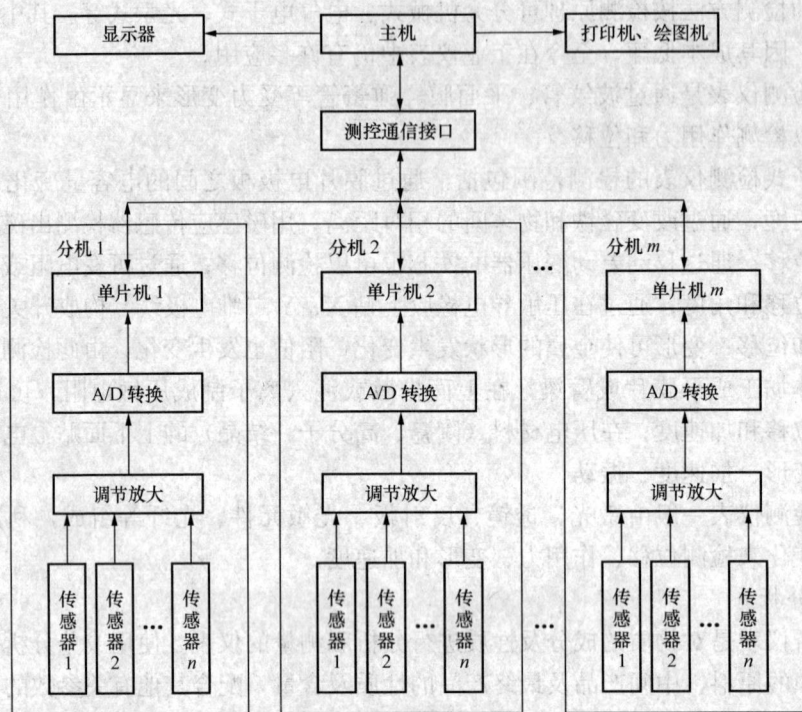

图 4-4 智能数据检测系统硬件基本结构

术，并迅速引起全世界的普遍关注和重视。

随着计算机技术的发展，20 世纪 70 年代出现了以计算机为核心的自动检测系统，使检测系统在智能化方面迈开了一大步，也为虚拟检测系统的诞生奠定了基础。

所谓虚拟仪器是指具有虚拟仪器面板的个人计算机仪器。它由通用的个人计算机、模块化功能硬件和控制软件组成。操作人员通过友好的图形界面及图形化编程语言控制仪器的运行，完成对被测信号的采集、分析、判断、显示、存储及数据生成。在虚拟仪器系统中，硬件仅仅是为了解决信号的输入输出，软件才是整个仪表的关键。操作者可以通过修改软件的方法，方便地改变、增减仪器系统的功能与模块，所以有"软件就是仪器"的说法。

虚拟仪器的出现，彻底打破了传统仪器由厂家定义，用户无法改变的模式。虚拟仪器给用户一个充分发挥自己才能、想象力的空间，来设计自己的仪器系统，满足多种多样的应用需要，所需要的只是一些必要的硬件、软件和个人计算机。

2. 软测量

软测量技术也称为软仪表技术（Soft Sensor Technique）。概括地讲，所谓软测量技术就是依据易测过程变量（常称为辅助变量或二次变量）与难以直接测量的待测过程变量（常称为主导变量）之间的数学关系，通过各种数学计算和估计方法，实现对待测过程变量的测量。从而可对成分、物性等与过程操作和控制密切相关的检测参数进行更直观的检测和控制。

采用软测量技术构成的软仪表，是以目前可有效获取的测量信息为基础，用计算机语言编制的各种软件，具有智能性，可方便地根据被测对象特性的变化进行修正和改进。因此软仪表在可实现性、通用性、灵活性和成本等各方面均具有无可比拟的优势，其突出的优点和巨大的工业应用价值不言而喻。

经过多年的发展，目前人们已提出了不少构造软仪表的方法，并对影响软仪表性能的因素以及软仪表的在线校正等方面也进行了较为深入的研究。软测量技术在化工等诸多实际工业装置上也得到了成功的应用，并且其应用范围不断地在扩展。最新的研究进展表明，软测量技术已成为过程控制和过程检测领域的一大研究热点和主要发展趋势之一。

软测量技术主要包括四个方面，即辅助变量的选取、软测量的数据处理、软测量模型的建立、软测量模型的在线校正。

(1) 辅助变量的选取。辅助变量的选取非常重要，因为不可测的主导变量需要由这些辅助变量推断出来。这其中包括变量的类型、数目及测点位置三个关键点。这三点是相互关联的，在实际中受到经济性、维护的难易程度等额外因素的制约。

(2) 软测量的数据处理。软测量的核心是数值计算。由于软仪表主要依靠软件实现，特别在投运初期难以避免程序错误的存在，在算法实现中必须对中间结果和输出结果进行适当的有效性检测，必要时加以处理，保证既能发现程序错误，又能尽量避免不合理数据的输出，以免影响生产。

(3) 软件测量模型的建立。软仪表的核心是表征辅助变量和主导变量之间的数学关系的软测量模型，因此构造软仪表的本质就是如何建立软测量模型。软测量的建模与过程建模一样，有机理建模和辨识建模两种方法。

(4) 软测量的在线校正。由于过程的复杂本质，随着过程稳态工作点的漂移或生产方案的调整，过程工况发生变化，控制对象特性也会变化，而软仪表本质上是基于广义模型的，因此过程软仪表在投运过程中，模型的在线校正功能是至关重要的，必须根据变化的特性，修正软仪表模型，调整仪表输出，以适合变化的工况。对于机理分析模型，要求它包含足够多能反映工况变化的变量；对于辨识模型，一般要及时提供工况变化后过程的输入输出数据，在线调整模型参数，形成适应新工况的软仪表。

3. 数据融合

随着科学技术的发展，传感器性能获得了很大的提高，各种面向复杂应用背景的多传感器信息系统大量涌现。在多传感器系统中，信息表现形式的多样性、信息内容及信息处理速度等要求，都已大大超出了传统信息处理方法的能力，一种新的信息综合处理方法——多传感器数据融合（Multi-Sensor Data Fusion，MSDF）技术便应运而生。

多传感器信息融合是人类和其他生物系统中普遍存在的一种基本功能。人类利用五官所具有的听觉、视觉、味觉、触觉功能，可以将外部世界的事物变成生物电信号传送到大脑进行综合处理，大脑根据先验知识进行分析、估计和推理，理解、判断、推测外界事物。人类对复杂事物的综合认识、判别与处理过程具有自适应性，但人类把各种信息和数据（图像、声音、气味以及物理形状）转换成对环境的有价值的准确理解，不仅需要大量不同的高智能化处理，而且需要足够丰富的适用于解释组合信息含义的知识库。因此，人的知识越丰富，综合信息处理能力就越强。

多传感器信息融合实际上是对人脑综合处理复杂问题的一种功能模拟。其基本原理就像人脑综合处理信息的过程一样，它充分利用多个传感器资源，通过对各种传感器及其观测信息的合理支配与使用，将各种传感器在空间或时间上的互补与冗余信息依据一种优化准则组合起来，产生对被测对象的一致性解释和描述。

　　数据融合的基本目的是通过数据融合推导出更多的信息，得到最佳协同作用的结果，即利用多个传感器共同或联合操作的优势，提高传感器系统的有效性，消除单个或少量传感器的局限性。

　　目前，数据融合是针对一个系统中使用多种传感器（多个或多类）这一特定问题而进行的新的信息处理方法，因此，数据融合又称为多传感器信息融合。

　　数据融合比较确切的定义可以概括为：充分利用不同时间和空间的多传感器信息资源，采用计算机技术对按时序获得的多传感器观测信息，在一定准则下加以自动分析、综合、支配和使用，获得对被测对象的一致性的描述与解释，以完成所需的决策和估计任务，使系统获得比它的各组成部分更优越的性能。因此，多传感器系统是数据融合的硬件基础，多源信息是数据融合的加工对象，协调优化和综合处理是数据融合的核心。

　　数据融合作为一种数据综合和处理技术，实际上是许多传统学科和新技术的集成和应用。从信息融合的功能模型可以看到，融合的基本功能是相关、估计和识别，重点是估计和识别。典型应用是目标跟踪和识别。目标识别的某些技术又可应用到行为估计中。

　　（1）相关技术。相关处理要求对多传感器或多源测量信息的相关性进行定量分析，按照一定的判别原则，将信息分为不同的集合，每个集合中的信息都与同一源（目标或事件）关联。解决相关问题的技术和算法，如最近邻法则、最大似然法、最优差别、统计关联和联合统计关联等。

　　（2）估计理论。估计理论的应用范围包括几何定位、跟踪和测向。目前进行估计的计算机软件能够依据几千次观测估计出由几百个变量构成的一个状态向量。

　　（3）识别技术。识别技术有许多种，比较成熟的有贝叶斯法、模板法、表决法等。此外还有证据推理法、神经网络、专家系统等方法。

　　物理模型类识别技术是建立可观测数据或可计算数据的模型，并通过将模型化数据与实际数据进行匹配来估计目标的特征。而参数分类识别技术不利用物理模型，是把参数化数据直接映射到特征说明，再通过特征属性对目标进行分类。基于认识的方法都是模仿人类的推理过程进行识别，即基于人类处理信息的方法得出分类结果。这类技术包括专家系统、逻辑模板、模糊集合论和品质因数法等。前两种技术主要用于对复杂实体（如战斗单位或兵力结构）的存在性和意图进行高级推理。

　　至今，数据融合尚未形成完整的理论体系，也没有数据融合技术的评价标准，已经建成的数据融合系统多数为简单的融合，融合算法无法得知，融合程度无法度量。总之，数据融合的研究还处于初级阶段。

二、系统建模与仿真

（一）系统建模方法

　　为了设计一个优良的控制系统，必须充分地了解受控对象、执行机构及系统内一切元件的运动规律，即它们在一定的内外条件下所必然产生的相应运动。内外条件与运动之间存在的因果关系大部分可以用数学形式表示出来，这就是控制系统运动规律的数学描述，即所谓数学模型。模型可以用微分方程、积分方程、偏微分方程、差分方程、代数方程、状态方程和传递函数来描述，建立这些方程的过程称为系统建模。系统建模是自动化领域里的一个重要工作内容。

　　系统建模方法通常有两种。

1. "黑盒"法

所谓的"黑盒"法，是对一个系统加入不同的输入（扰动）信号，观察其输出，根据所记录的输入、输出信号，用一个或几个数学表达式来表达这个系统的输入与输出关系。这种方法认为系统的动态特性必然表现在这些输入输出数据中，因此它根本不去描述系统内部的机理和功能，只关心系统在什么样的输入下产生什么样的响应。这种方法建模必须通过现场试验来完成，称之为系统辨识建模方法。

用试验法建立系统的数学模型，根据试验时加到系统上的扰动信号形式的不同，分为时域法、频域法和相关统计法。其中以时域法应用最为广泛，也是目前工程实际中应用最多的方法。其主要内容是：给系统人为地加入一个扰动信号，记录下响应曲线，然后根据该曲线求取对象的传递函数。作用到对象的扰动信号形式一般有阶跃扰动和矩形脉冲扰动。由阶跃扰动作用下的对象动态特性为阶跃响应曲线，即飞升曲线。阶跃响应曲线能比较直观地反映对象的动态特性，特征参数直接取自记录曲线而无需经过中间转换，试验方法也很简单。由脉冲扰动作用下的对象动态特性曲线叫做矩形脉冲响应曲线，要取得对象的传递函数，还需将该脉冲响应曲线转换成阶跃响应曲线，再由该等效的阶跃响应曲线取得对象的传递函数。因此矩形脉冲特性试验，一般是在采用阶跃扰动试验无法测得一条完整的响应曲线的情况下采用的一种方法。

所谓频域法是在系统的输入加入一个正弦信号（也可以是其他的任意信号），记录其输出，该输出是时域响应，再根据这些实验数据推算出它的频率响应曲线。有了频率响应后，就可以利用 Bode 图求出系统的传递函数。由于不能直接测得系统的频率响应，必须通过计算得到，而且求取传递函数时也必须近似求得，因此频率响应法比较繁杂，准确度也较差，有较少的实际应用。

阶跃响应法、脉冲响应法和频率响应法原则上只在高信噪比的情形下才是有效的，这是上述辨识方法的致命缺点。然而在工程实际中，所获得的数据总是含有噪声的。相关分析法正是解决这类辨识问题的有效方法。

相关分析法的理论基础是，当系统存在随机干扰时，在系统输入加入一个任意的扰动信号，测取系统的实际输入和输出，用数值计算的方法近似计算出它们之间的互相关函数，在一定条件下，这个互相关函数等价于真实的输出与输入之间的互相关函数。因此可以通过这个互相关函数求得系统的脉冲响应。

最小二乘法也是解决含有噪声的系统辨识的一种有效方法。最小二乘法是在 18 世纪末由高斯提出来的。后来，最小二乘法就成了估计理论的奠基石。现在最小二乘法已广泛应用于系统辨识中。所谓最小二乘法，就是系统在一定的输入激励下，测得系统的实际输出，同时把这个输入作用在一个假定的模型上，记录下这个模型的输出，当实际输出与模型输出的偏差的平方和达到最小时，这个模型输出能最好地接近实际过程的输出。这个模型就是我们所要辨识的系统模型。

上述这些方法都是建立在给系统加入一个人为扰动的基础上成立的。虽然理论上有些方法可以仅要求系统正常运行时的数据即可，但要求对系统产生激励。此外，无论给系统加入一个什么样的人为扰动，对系统的正常运行都会产生不良影响，而且有些特殊的扰动信号在现场无法实现。因此上述方法在实际应用时还存在一些问题。

２．"白盒"法

用"白盒"法求一个系统的数学模型，需要知道系统本身的许多细节，诸如这个系统由几部分组成，它们之间怎样连接，它们相互之间怎样影响。这种方法不注重对系统的过去行为的观察，只注重系统结构和过程的描述。只有对系统的机理有了详细的了解之后，才可能得到描述该系统的数学模型，这就是所谓的机理建模。对于一般的工业系统来说，所用的"白盒"法是根据能量守恒、质量守恒和动量守恒的原理建模的。

"黑盒"法和"白盒"法都有自身的缺点，有时为了验证模型的正确性，把这两种方法相结合，作为互为验证，互为补充，提高模型的精度。我们把这种方法称为"灰盒"法。

例如，当通过机理分析出系统的数学模型结构时，就可以把系统辨识的问题简化成参数辨识的问题，再把参数辨识的问题转化成参数优化的问题。此时，可以应用各种智能算法优化出所要辨识的参数。

（二）系统仿真

１．系统仿真概念

仿真的事例每天都在我们身边发生。例如，每天早晨起床的时候，在我们的大脑中总要预想一下周围将要发生的事情：今天将要遇到什么事、什么人、将要怎样处理这些事情。这一想象过程会使我们更有效地处理遇到的各种情况。

上述的过程包含了仿真的全部过程。在大脑中设想出的人和事，就是一个建立模型的过程。上述模型可称为直觉模型。接下去设想出的处理这些人和事的过程就是一个仿真行为。从此例中可以看出，仿真包括建模和仿真两大过程。

建模和仿真是人类处理实际问题的一种有效工具，它和人类历史同时存在。人们总是用直觉模型去更好地了解实际，去做计划、去考虑各种可能性，去与其他人交换思想，去开发某些想法的行动计划，或去证实某些不能实现的想法。

甚至几千年前，人们造船和机械设备时，也是先用一个小的船或机械设备的模型进行试验。儿童的玩具总是离不开真实世界的仿真，这些玩具通常是人、动物、物体和交通工具的模型。这里所说的船、机械设备、儿童玩具的模型，即所谓物理模型。物理模型是与被仿真对象几何相似的实物。

利用物理模型进行仿真，叫做物理仿真。物理仿真的理论基础是相似理论，其必要条件是几何相似。而且对于动态过程来说，还要满足各有关的相似准则数相等的条件。

利用前面讲到的数学模型进行仿真，叫做数学仿真。数学仿真实质上就是对该数学模型求解。如果用数字计算机来求解，就称为数字仿真或数字计算机仿真。

对于复杂系统，建立物理模型是比较困难的，有时甚至是不可能的。由于物理模型造价较高、准确度较低、不适应数据变化，而且开发周期长，所以应用较少。物理仿真主要用于不易求得系统数学模型的情况，或用于操作员的培训。但是，在当今的巨大的重要工程中，通常涉及人身、物质和环境的安全，这样的工程系统必须进行物理仿真验证后才允许实施。随着科学技术的进步及工程系统不断扩大，对物理仿真的要求越来越迫切。

而建立数学模型相对比较容易，造价低，开发周期相对较短，对于模型的修改有很强的适应能力，所以，数学仿真应用比较广泛。

对于控制系统而言，其仿真就是求解控制系统数学模型的过程。仿真的主要任务：一是根据系统的特点和仿真的要求选择合适的算法，当采用该算法建立仿真模型时，其计算的稳定性、计算准确度、计算速度应能满足仿真的要求；二是选择合适的程序语言设计仿真程序；三是要对仿真结果进行验证，只有当仿真设计者认可了仿真的必要条件，以及认为决定这些条件所进行的试验和验证工作满足要求以后，仿真工作人员才可以认可该仿真程序；最后通过适当的形式将仿真结果输出给用户或对仿真结果进行分析。输出分析在仿真活动中占有十分重要的地位，它有时决定着仿真的有效性和对模型可信性的检验。

2. 仿真技术的应用

仿真技术作为一门独立的学科已经有五十多年的发展历史，它不仅用于航天、航空、各种武器系统的研制部门，而且已经广泛应用于电力、交通运输、通信、化工、核能等各个领域。特别是近二十年来，随着系统工程与科学的发展，仿真技术已从传统的工程领域扩展到非工程领域，因而在社会经济、环境生态系统、能源系统、生物医学系统、教育训练系统也得到了极其广泛的应用。

下面介绍仿真技术应用的几个重要方面。

（1）获悉新的科学知识。动态系统的计算机仿真不用通过关于系统的原始知识，就可以获得对系统的新的了解。例如，对有些不稳定的系统或繁杂混乱的系统，我们不能从系统的内部元素和这些元素的内在关系推演出关于系统特性的结论。要想了解这类系统的特性，可通过建立系统的数学模型，并在不同的条件下进行仿真，分析实验结果从而获得该系统的知识。仿真技术也可用于验证科学假说：用相应的程序语言表达计算科学假说的公式，然后进行仿真，将仿真结果与观测结果进行比较，即可得到假说正确与否的结论。

（2）系统管理手段的开发。计算机仿真能用于较好地管理现在的动态系统。在这种情况下，当仿真被管理的动态系统时，输入当前的实际数据，即可得到控制行动和控制效果。这种方法广泛用于化学反应堆的控制过程。在农业领域，仿真技术也有广泛的应用。例如，植物中的氮和土壤里的水由于在土壤中的快速中和作用而发生快速的改变，甚至专家们也不可能从直觉中观察到这个变化；计算机仿真可以帮助人们以最理想的方法食用营养物；用随机抽样的方法通过对害虫的生长率的仿真，可以得出在正确的时候采取适当的对策，甚至可以不用农药就可以消灭害虫。在林业方面，通过调查比较造林面积和历史的环境影响，可以发展对经济有利的、生态平衡的植树、间树和伐树政策。在工业管理方面，仿真技术起着更重要的作用。近些年许多大中型企业都开发了经济管理和商业对策的公司模型，以便对企业、车间、部门等进行某一特定目标的仿真，取得较好的管理对策。

（3）发展计划的论证。城市发展规划、地区发展规划，甚至一个国家发展的途径都可以通过仿真进行研究论证。目的是为了在给定的条件下，得到一系列的规划中各项目的可能的行为结果，以便制定出可能的行动计划，去干预规划中项目的行为结果，并决定在恰当的时候改变发展规划。

（4）系统的设计与开发。系统设计是一项复杂的任务，计算机辅助设计与仿真技术为系统设计提供了强有力的工具。一个较为复杂的系统，其设计过程一般要经历可行性论证、初步设计、详细设计、实施等若干阶段。在每个阶段，仿真技术均可提供强有力的技术支持。在可行性论证阶段，可以根据系统设计的目标及边界条件，对各种方案进行定量比较，发现不同方案的优缺点，为系统的设计打下坚实的基础。在系统设计阶段，设计人员可以利用仿真技术建立或完善系统模型，进行模型实验、模型简化并进行优化设计。

系统设计中经常涉及新的设备、部件或控制装置，此时，可以利用仿真技术进行分系统实验，即一部分采用实际部件，另一部分采用模型。这样，既可避免由于新子系统投入可能造成的对原系统的破坏或影响，又可大大缩短开工周期，提高系统投入的一次成功率。

对于一个已经存在的系统，需要对其进行分析。一般是通过试验的方法来了解系统的结构及其内部发生的活动，从而达到对系统的正确评价。尽管在真实系统上进行试验在许多情况下仍然是必不可少的，但是由于在真实系统上试验会破坏系统的正常运行；各种客观条件的限制难以按预期的要求改变参数，或者得不到所需要的试验条件；很难保证每一次的操作条件都相同，从而难以对试验结果的优劣做出正确的判断和评价；试验时间太长、费用太大或者有危险等原因，仿真试验与分析越来越普遍被采用。

（5）教育与训练。早期的培训方法大多是在实际系统中进行的。随着工业和科学技术的发展，系统的规模日益庞大、复杂，系统的造价日益昂贵，训练时因操作不当引起的破坏和危险性也大大增加了。以发电厂为例，目前，火力发电厂已普遍采用大容量、高参数机组以及机、炉、电集中控制运行方式，其技术复杂、自动化程度高，对电厂运行人员提出了更高的要求。要求他们能准确地观察、判断和处理各种信息，做到操作无误。因此，采用仿真机来培训电厂运行人员就成为一种安全、经济和行之有效的方法。它能模拟实际系统的工作状况及环境，又可避免采用实际系统培训时所带来的危险性及高昂的代价，这就是训练仿真系统。

根据模拟对象、训练目的的不同，可将训练仿真分为三大类。

1）载体操纵型。这是与运载工具有关的仿真系统，包括航空、航天、航海、地面运载工具，以训练驾驶员的操纵技术为主要目的。

2）过程控制型。用于训练各种工厂（如电厂、化工厂、核电站、电力网等）的运行操作人员。

3）博弈决策型。用于企业管理人员（厂长、经理）、交通管制人员（火车调度、航空管制、港口管制、城市交通指挥等）和军事指挥人员（空战、海战、电子战等）的训练。

（6）产品开发及制造。虚拟制造是实际制造过程在计算机上的本质实现，即采用计算机仿真与虚拟现实技术，在计算机上群组协同工作，建立产品的三维全数字化模型，"在计算机上制造"产生许多"软"样机，从而在设计阶段，就可以对所设计的零件甚至整机进行可制造性分析，这包括加工过程的工艺分析、铸造过程的热力学分析、运动部件的运动学分析以及整机的动力学分析等，甚至包括加工时间、加工费用、加工准确度分析等。设计人员或用户甚至可"进入"虚拟的制造环境检验其设计、加工、装配和操作，而不依赖于传统的原型样机的反复修改。这样使得产品开发走出主要依赖于经验的狭小天地，发展到了全方位预报的新阶段。

三、控制与优化理论

（一）工程控制论

工程控制理论是自动化学科的理论基础，归纳起来，工程控制论的研究内容有以下几方面。

1. 系统的模型描述

一个系统的模型描述方法很多，但在经典（早期）控制理论中，经常用传递函数来描述系统的输入—输出关系。这是因为经典控制理论的主要研究方法是频域法，用系统的频率响应研究系统的特性。还有一个原因是，控制论和数字计算机几乎是同时问世的，但计算机的普遍应用是在 20 世纪 80 年代，而控制论在 20 世纪 60 年代就已经普遍被学术界和工程界所接受，那时普通的科技人员没有计算机作为计算工具，控制系统的分析和设计主要依靠手工计算和一些图表的帮助。因而，在经典控制理论中，人们用频域的方法，设计了各种各样的图表和曲线，如伯德（Bode）图、奈奎斯特（Nyquist）图、尼柯尔斯（Nichls）图及 M 圆等。

20 世纪 60 年代前后，线性系统理论的研究开始了从经典阶段向现代阶段的过渡，这时出现了状态空间法。它采用状态空间描述取代了先前的传递函数那种外部输入输出描述，对系统的分析直接在时间域内进行，集中表现为用系统的内部研究代替了外部研究，从而大大地扩充了所能处理问题的范围。在状态空间法的基础上，提出了能控性、能观性的概念，从而形成了现代控制理论。但是，现代控制理论已经离不开计算机。

2. 控制系统分析

假定一个控制系统的结构为已知，求出系统的数学模型之后，对这个系统的动态性能进行研究并给出评价，这就是分析问题。至于如何设计这个系统，使其具有希望的性能，满足某些特定的要求，这就属于综合问题的范畴了。研究控制理论的最终目的是设计系统，但是，分析是综合的基础。对于一个系统的运动规律，只有了解了它的特性之后，才有可能进而改造它，使它满足我们的需要。通过对大量系统的分析，我们又可以总结出一些典型的共同规律，这又可以指导我们如何去设计具体系统。

对于控制系统的第一个要求是稳定性。从物理意义上说，就是要求控制系统能稳妥地保持预定的工作状态，在各种不利因素的影响下不至于动荡不定、不受控制。分析系统的稳定性是一个老问题，早在 19 世纪末期，法国数学家潘咖略和俄国数学家李雅普诺夫在力学中就广泛研究了运动的稳定性问题。他们所提出的理论和方法直到今天不失其意义而为大家所广泛使用。在自动控制理论中也沿用了他们的理论，但在计算方法上有所发展。

控制系统的分析方法很多。在经典控制理论中，经常用到的分析方法是频率法。其主要内容有劳斯—赫尔维茨稳定判据、米哈依洛夫稳定判据、对数频率特性（伯德图）法、根轨迹法、奈奎斯特稳定判据、M 圆和 N 圆、尼柯尔斯图等。在现代控制理论中，直接用描述线性系统状态方程中的系数矩阵来判断系统是否可受控制和可以观测系统内部的各个状态。为了分析系统的稳定性，可根据李雅普诺夫稳定性理论，利用他提出的第一、第二方法来完成。

今天，计算机已经成为进行科学和技术研究的重要工具，因此，计算机仿真已经成为控制系统分析的最直接和最主要的方法。

3. 控制系统设计与校正

控制系统的设计问题（或称综合问题）就是当受控对象的动态模型已知时，按预定的动态或其他的品质指标要求，求出控制装置（控制器）的运算形式或控制规律。

设计一个自动控制系统一般要经过以下三步：根据任务要求，选定控制对象；根据性能指标的要求，确定系统的控制规律，并设计出满足这个控制规律的控制器，初步选定构成控制器的元器件；将选定的控制对象和控制器组成控制系统，如果构成的系统不能满足或不能全部满足设计要求的性能指标，还必须增加合适的元件，按一定的方式连接到原系统中，使重新组合起来的系统完全满足设计要求。这些能使系统的控制性能满足设计要求所增添的元件，称为校正元件（或校正装置）。随着科学技术的发展，控制设备大多由计算机来替代，因此，现在的校正元件并不一定是物理器件，它很可能是计算机的软件程序。由控制器和控制对象组成的系统称为原系统（或系统的不可变部分），加入了校正装置的系统称为校正系统。为了使原系统的性能指标得到改善，按照一定的方式接入校正装置和选择校正元件参数的过程称为控制系统设计中的校正与综合。

在控制工程实践中，PID 控制律是历史最久、生命力最强的基本控制方式。由于 PID 具有原理简单、使用方便、适应性强、鲁棒性好等特点，虽然科学技术的迅猛发展特别是电子计算机的诞生和发展，涌现出了许多新的控制策略，然而直到现在，PID 控制律仍然是应用最为广泛的基本控制方式。因此，控制系统的校正一般是在 PID 控制律的基础上，根据特定的性能指标来确定校正方法。

现在出现的各种新型控制策略的结构都很复杂，不借助于计算机根本无法实现。这些控制策略有些已经成为自动控制理论的重要分支。例如，在第三章所述的自适应控制、预测控制、智能控制、鲁棒控制、最优控制等。当使用这些控制策略对系统进行控制时，所面临的设计和校正的任务就是根据希望的系统性能指标，研究、设计这些控制策略的结构和参数了。

4. 非线性系统的分析与综合

随着工业生产过程的日趋复杂化，系统不可避免地存在非线性，如电厂生产过程、纺织过程、机器人系统等。尽管在很多情况下，考虑系统的某些现象时，可以用系统的线性模型来代替系统的非线性模型，然后按线性模型来处理。但是，大量的事实说明，在很多情况下，人们必须建立真实系统的非线性模型以代替简单容易处理的线性模型。在控制系统中常见的非线性元件有饱和非线性、死区非线性、磁滞非线性、继电器特性非线性等。

非线性系统的主要特征是：系统的响应具有与输入不同的函数结构；系统的性能不仅与系统本身的参数有关，与初始条件也有关；不能应用叠加原理；有自振荡、极限环；多值响应、跳跃谐振、分谐波振荡、频率捕捉和异步抑制等。正因为这些特征，使得对非线性系统进行分析变得非常困难。

非线性系统中可能发生的现象是十分复杂、十分丰富的。对于非线性系统，目前虽然已经历了百余年的研究，但认识仍很不充分。例如，近二十年来人们才认识到，混沌现象是非线性系统中发生的一种现象。

严格来说，在自然界中任何物理系统的特性都是非线性的。在线性系统中如果某一个运动是稳定的，则可断言系统的每一个运动对任何初始扰动都是稳定的；但非线性系统的响应还依赖于系统的初始状态和控制函数，因此非线性系统的分析与综合问题就变得非常复杂。正是由于处理上的困难，对非线性系统的研究至今不如对线性系统研究的那样全面和细致。为了研究问题的方便，对于许多非线性系统，在一定的条件下、一定的范围内，可近似地看成线性系统来加以分析研究。采用近似的线性模型的方法虽然可以使人们更全面和更容易地分析系统的各种特性，但是却很难刻画出系统的非线性本质，线性系统的动态特性已不足以解释许多常见的实际非线性现象。此外，计算机及传感器技术的飞速发展，也为人们实现各种复杂非线性控制算法奠定了硬件基础。因此，自 20 世纪 80 年代以来，非线性系统的控制问题受到了国内外控制界的普遍重视，发展了一系列的非线性系统分析理论和控制方法。例如，非线性系统的输入/输出分析方法（描述函数法、相平面法、沃特拉输入/输出表达式），非线性系统的精确线性化方法，非线性几何控制方法，非线性系统的变结构控制方法等。

5. 数字控制系统分析与设计

随着数字计算机，特别是微型计算机、单板机、单片机的发展，数字控制系统在控制工程中的地位日益重要，一些连续控制系统已经被它所代替。特别是近年来，在火电厂中普遍采用了分散控制系统（DCS）。DCS 是全数字化控制系统，它的所有控制器均为数字控制器。典型的数字控制系统如图 3-10 所示。

在图 3-10 中，通过传感器测量连续受控信号（即输出信号），并作为负反馈信号 $k_f(t)$。数字控制系统首先对连续的偏差信号 $e(t)$ 进行采样，然后通过模/数（A/D）转换器把采样脉冲变成数字信号送给数字控制器。然后，数字控制器根据该信号，按预定的控制规律进行运算，最后通过数/模（D/A）转换器或保持器把运算结果转换成模拟量 $u(t)$ 去控制具有连续工作状态的被控对象，以使被控制量 $y(t)$ 满足预定的要求。

数字控制系统（即离散控制系统）的数学模型描述以及分析和综合方法都不同于连续线性控制系统。离散控制系统的数学模型通常用差分方程来描述，因此其分析与综合的问题就是对差分方程进行求解和实施最优控制的问题。数字控制器的设计也有其独特的设计方法，如无稳态误差最少拍系统设计方法、无纹波无稳态误差最少拍系统设计方法等。

6. 分布参数控制系统

有很多受控对象的运动规律，不能用常微分方程来描述，如大型加热炉、水轮机和汽轮机，物理学中的电磁场、流场、等离子体束、温度场以及化学中的扩散过程，等等。这些物理量的变化规律，必须用偏微分方程才能准确地加以描述。而且在工程技术上，常常要求对这些物理量加以控制，使其变化规律满足技术上的要求。这种系统称为分布参数控制系统。

分布参数系统比集中参数系统的分析要复杂得多。现在对分布参数系统的研究广泛应用偏微分方程和泛函分析的理论成果，形成了分布参数系统的基础理论。虽然在分布参数系统的镇定问题、最优控制问题、能控性和能观性问题，以及分布参数系统的辨识和滤波问题等，都取得了类似于集中参数系统的结果，但实际上，由于分布参数系统描述物理现象的复杂性，它具有无穷多个自由度，这决定了解决分布参数系统控制问题的固有困难。因此，至今分布参数系统理论用来解决实际问题还不多，而且分布参数控制理论本身也还不成熟，有待深入研究。

7. 大系统控制

现代社会日趋信息化、系统化、网络化，在工程技术、社会经济、生态环境各个领域，已经形成或正在兴建各种规模庞大、结构复杂、功能综合、因素众多的复杂大系统甚至巨系统。如何控制、管理、调度、指挥各种复杂大系统，如何对大系统进行分析、设计，已成为自动化学科面临的重大课题。

（1）大系统。大系统是指规模宏大、结构复杂、变量数目多的系统。大系统涉及的领域很广，可以是生态环境领域大系统，如生态系统、人体系统；可以是社会经济领域大系统，如社会商业网、行政系统；也可以是工程技术领域大系统，如计算机系统、大型火电厂生产自动化系统，等等。总的来说，大系统具有下列共性：

1）由一些子系统组成，规模庞大；

2）系统之间关系交错，结构复杂；

3）整个系统目标多样，功能综合；

4）系统与环境有物质、能量、信息的交换，且往往数量巨大；

5）具有非线性特征和繁殖、扩展功能；

6）往往是有人参与的系统，人为因素影响大。

大系统关系到经济发展、社会进步、人民生活、国家安危、世界稳定、生态环境等大问题。如果大系统运行状态好、效益高、稳定、可靠、优化、协调，将有利于国计民生，造福于人类社会；反之，大系统运行状态差、效益低、失稳、故障、劣化、失调，将危害人民的生命财产，破坏社会环境、国家安定乃至世界和平。

因此，如何对大系统进行控制和管理，如何进行大系统分析、预测、规划、设计，改善大系统的运行状态，提高运行效益，是现代科学技术面临的重大课题。

（2）大系统控制理论。大系统控制理论基本框架如图 4-5 所示。

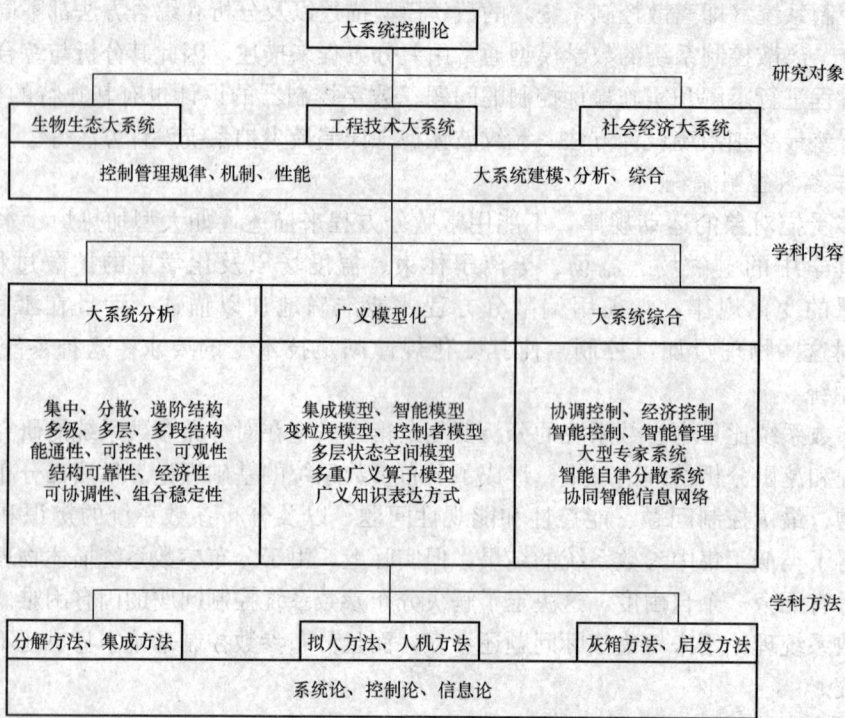

图 4-5　大系统控制论基本框架

1）大系统控制理论的研究对象。大系统控制论的研究对象包括生态、工业和社会等所有大系统。其研究主题包括：

a. 大系统控制问题。大系统控制论主要从控制论观点研究大系统的控制问题，包括控制原理、控制方法、控制技术等。这里的控制是指调节、管理、操作、指挥与决策等内容。

b. 大系统信息过程。大系统中存在复杂的信息流、能量流、物质流。主要研究的是大系统控制过程所涉及的信息获取、信息传递、信息处理等问题。

c. 大系统共同规律。各种不同领域的大系统（如工程技术、社会经济、生态环境、人体控制等）在控制和信息过程方面存在共同规律。大系统控制论致力于研究这种共性，其目的一方面是从人体控制、生物控制大系统的研究中获得新的启示，用于工程技术、社会经济大系统的控制设计；另一方面是引用工程技术大系统控制的理论、方法和技术，研究社会经济大系统的控制问题，探讨生物、人体大系统控制过程的机理和奥秘。

简要地说，大系统控制论主要研究的对象和内容是：各种大系统控制、管理及其信息过程的共同规律和理论方法。

2) 大系统控制理论的学科内容。大系统控制论是不成熟的、发展中的新学科，其基本内容包括以下三个方面。

a. 广义模型化。模型化是控制系统研究被控对象最重要的手段。目前，在大系统理论中继承了传统的控制理论和运筹学的模型化方法。但是，大系统的主动性、不确定性、不确知性因素难以用传统的数学模型描述。为了解决大系统模型化的难题，人们提出了"广义模型化"方法。其主要思想如下：

a) 数学模型、知识模型和结构模型的灵活运用，相互结合，构成集成模型；将系统辨识、人工智能、图论方法相结合，建立集成模型。

b) 控制者模型、被控制对象模型相结合，组成控制论模型，引用人工智能专家系统技术和模糊数学方法，建立控制者模型、主动系统模型、不确知系统模型。

c) 根据大系统结构特点，采取"变粒度"方法，发展"多层状态空间"、"多重广义算子"等变粒度模型。

d) 将人工智能方法引入系统辨识技术，发展智能辨识技术，建立不确定系统及发展中系统的自学习、自适应、自组织等智能模型。

b. 大系统分析。利用广义模型进行大系统分析，例如：

a) 控制结构分析。基本结构——集中控制、分散控制、递阶控制。结构变型——多级控制、多层控制、多段控制。结构进化——分散控制—集中控制—递阶控制。

b) 可协调性分析。大系统控制、管理、决策的关键问题是协调，即各子系统的相互配合、相互制约问题，包括任务协调、资源协调等。可协调性分析关系到大系统的可控性、可观性及协调化问题。

c) 稳定性分析。大系统由许多小系统组成，因此，"大与小"系统稳定性关系分析与组合稳定化问题具有重要意义，包括平衡态稳定性、输入/输出稳定性分析。

d) 能通性分析。信息结构"能通性"是系统可控性、可观性、可协调性的前提条件，包括控制信息结构能通性、观测信息结构能通性、输出信息结构能通性等。

由于大系统往往是信息不完备，参数不确定、不确知的系统，所以结构性能分析十分重要。例如结构能通性，结构能控性、能观性，结构可协调性及结构稳定性，结构可靠性，结构经济性等。

c. 大系统综合。为了实现大系统的最优化、协调化、智能化，需要在系统分析基础上进行系统综合。综合方法如下：

a) 最经济结构综合。在给定技术约束条件下（如能控性、能观性、可协调性等）设计大系统的最经济控制、最经济观测结构，使所支付经济代价最小，或所获取的经济效益最大。

b) 启发式优化技术。人工智能的启发式知识推理技术与大系统理论的多级动态或静态优化方法相结合，发展大系统智能优化技术，如多级、多层、多段智能优化方法，启发式动态规划、线性规划、非线性规划等。

c) 大系统协调控制。由于大系统的分散性，协调控制具有重要意义，可以在多变量协调控制理论的基础上，发展大系统分散协调控制的理论方法和技术。

d）智能控制与智能管理。在人工智能、控制理论、管理科学相结合的基础上，发展大系统智能控制、智能管理和智能决策技术，例如多级自寻优控制、多级模糊控制、多级专家系统等。

3）大系统控制理论的科学方法。在大系统控制论中，一般应用下列研究方法：

a. 启发方法。启发方法是指人们在实践经验的基础上总结和归纳的技巧、策略和方法，如在人工智能中的启发式知识推理方法。启发方法的优点在于其智能性和灵活性，有可能在信息不完全、数据不精确的情况下，以较少的推理或演算工作量求得问题的满意解；缺点是不能保证最优解的存在性和唯一性。采取"启发"与已知算法相结合、定性与定量相结合灵活运用的方法，取长补短，发展大系统的启发式优化技术，有助于求解复杂的、非确定、非确知的大系统分析和设计问题。

b. 人机方法。实际的大系统往往都是主动系统或人机系统，人机协调与否是系统运行好坏的关键问题。人具有主动性、灵活性、创造性等优点，但由于生理或心理条件限制，存在易疲劳、有情绪、会遗忘、准确度差、速度低、功率小等缺点。而这些正是可以和机器，特别是计算机的优缺点相互弥补的地方。

所以在大系统控制、管理和决策系统设计中，应采取人机协调、智能结合的方法。

c. 拟人方法。人体控制系统是迄今为止所发现的最完美的控制系统，也是复杂大系统。它是长期生物进化、自然淘汰优选、社会环境造就的产物。在大系统控制论中，采取"拟人"方法，研究各种大系统控制过程的共性，探讨人体控制系统的机理，吸取有益的启示，对人体控制系统进行模拟、延伸或扩展，用于工程技术、社会经济大系统的设计中。

d. 灰箱方法。在大系统控制论中，采取"黑箱"与"白箱"相结合的"灰箱"方法，也就是宏观与微观、外部与内部、结构与功能分析相结合的方法。例如采用"变粒度"方法进行大系统不同层次的分析和综合，在多级、多层结构的大系统中，对于高级、高层的全局性分析采用"粗粒度"，而对于低级、低层的局部分析采用"细粒度"，从而可以对大系统的各个层次，以相应的粒度，进行适当准确度、适当维数的分析和综合，如多层状态空间方法、多重广义算子方法。

e. 集成方法。在大系统模型化、大系统分析与大系统综合方面，需要运用多学科、多专业、多技术相结合的集成方法，特别是系统科学与计算机科学相结合，控制理论、运筹学与人工智能相结合，系统工程与知识工程相结合的方法。例如，人机智能专家系统技术与大系统多级控制、多层控制、多段控制理论相结合，发展大系统的智能控制、智能管理、智能决策技术，研究与开发多级专家系统、多层专家系统和多段专家系统。

f. 分解方法。分解方法指"分解—协调"、"分解—集结"、"分解—联合"等方法，用于求解大系统最优化、稳定化、模型化问题。

例如，采用"分解—协调"方法求解大系统最优化问题，先将复杂的大系统分解为若干简单的小系统，分别（并行或串行）求解各小系统的局部最优化问题，再通过协调，在各小系统局部最优解相互配合的基础上，求解大系统的全局最优化问题。

采用"分解—集结"方法求解大系统稳定化问题，先不计相互关联，将大系统分解为若干无关联的子系统，分别求得各子系统的稳定条件，再求相互关联应满足的稳定条件，通过这种相互关联将各子系统集结起来，构成稳定的大系统，各子系统的稳定条件与相互关联的稳定条件集结可得大系统的稳定条件。

运用"分解—联合"方法进行大系统模型化，先在物理上将大系统分解为若干小系统，分别进行各子系统的模型化，再对各小系统之间的相互关联进行模型化，利用关联模型将各小系统的模型联合起来，建立大系统的模型。

（二）优化理论与方法

无论做任何工作，人们总希望选用所有可能方案中最优的方案，这就是最优化问题。

设计控制系统的过程中，所遇到的最优化问题就是如何使设计的控制系统在满足一定约束条件下，其某个指标函数达到最小或最大。

在控制系统设计中有两类最优化问题：一类是在控制对象已知，控制器的结构、型式也已确定的情况下，选择控制器的参数，使得控制系统的调节品质最好；另一类是在控制对象已知的情况下，寻找最优控制作用，使控制系统的调节品质最好，这就要寻找最优控制器的结构、型式及其参数，由于这类问题是要确定最佳函数（控制器），所以被称为函数优化问题。

求解一个系统的最优化问题需要做两件事情：一是怎样把要求解的问题用一个有极值（极小或极大）的带有约束条件的函数来描述（通常把这个函数称为目标函数）；二是在提出的目标函数下，采用什么样的策略来改变系统的参数，使这个目标函数达到最小或最大。

实际上，在前面讲述的控制系统的设计与校正的各种方法也是最优化方法，只是这些方法把目标函数和优化策略放在一起考虑了。

为了不同的目的，可以构造多种不同的目标函数，使它既能比较确切地反映系统的品质，又能比较方便地计算。显然，对于同一个系统，当选择不同的目标函数时，使这些目标函数达到最优时的参数将是不同的。选取目标函数的过程就是建立一个合适的数学模型。要做好这件事，必须对实际问题有很好的了解，经过分析、研究抓住其主要因素，理清其相互的联系，然后综合利用有关学科的知识和数学知识才能完成。建立这种数学模型没有普适的方法，要视具体问题而定。对于简单的回路优化问题，第一章介绍的性能指标改写成极值函数即可以作为目标函数。

有多种优化策略，但大致可以分为两类。

1. 间接寻优法

不直接去求取目标函数的极值，而是求取目标函数具有极值的充分必要条件。但由于在许多优化问题中，目标函数难以写成解析式，加之求解的困难，所以这种间接寻优方法很少采用。

2. 直接寻优法

直接从计算系统的动态过程中计算出目标函数，并按某种规律直接在参数空间中寻找出最优解。

为了满足准确度要求，直接寻优要搜索多次，计算时间较长。因此，人们花很大的精力去研究优化算法，使得在较短的时间内能得到最优解，而且还不能陷入局部极值。

下面介绍几种目前应用较多的直接寻优算法。

（1）单纯形法。单纯形法是一种发展较早的优化算法，具有操作简单、计算量小、适用面广、便于计算机实现等优点。

为了理解单纯形法的基本思想，可以设想一个盲人在爬山，他每向前走一步之前，都要

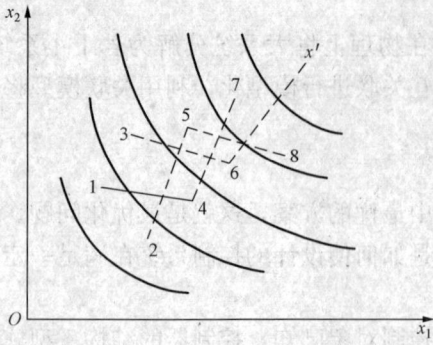

图 4-6　单纯形法寻优过程

把拐杖向前试探几下，然后向较高的那一点迈出一步。单纯形法就是基于这种想法设计的。

以二元函数为例，如图 4-6 所示，在平面上选 1、2、3 三点（它们构成一个三角形，即所谓初始单纯形），计算这三点的函数值 Q，并对它们的大小进行比较，假设其中 Q_1 最大，则将其扬弃；在 1 点的对面取一点 4，这样 2、3、4 点构成一个新的三角形，再比较它们的大小，其中 Q_2 最大，故将 2 点扬弃；在 2 点的对面取一点 5，3、4、5 点又构成一个新的三角形，如此一直循环下去，最后可找到最小点 X'。

对于一般的 n 元函数 $Q(x)$（x 为 n 维向量），可取 n 维空间的 $n+1$ 个点，构成初始单纯形。这 $n+1$ 个点应使 n 个向量 $x_1 - x_0$，$x_2 - x_0$，$\cdots$，$x_n - x_0$ 线性无关。如果取的点少，或上述 n 个向量有一部分线性相关，那么就会使搜索极小点的范围局限在一个低维空间内，如果极小点不在这个空间内，那就搜索不到了。

（2）遗传算法。遗传算法（GA）是 1962 年由美国的 Holland 提出模仿生物进化过程的最优化算法。它是一种建立在生物界自然选择原理和自然遗传机制的随机搜索法，模拟了生物界中的生命进化机制，将"优胜劣汰，适者生存"的生物进化原理引入到人工系统中实现特定目标的优化。其算法简单，可并行操作，能得到全局最优解。近年来，遗传算法在许多优化问题中都有成功的应用。

遗传算法包含三个基本的操作，即复制、交叉和变异。简单地说，复制是从一个旧种群中选择生命力强的个体位串以产生新种群的过程。而交叉模拟了生物进化过程中的繁殖现象，通过两个染色体的交换组合，来产生新的优良品种。变异运算用来模拟生物在自然的遗传环境中由于各种偶然因素引起的基因突变，它以很小的概率随机地改变遗传基因的值。

遗传算法的主要特点如下：

1）对参数的编码进行操作，而非对参数本身；

2）从许多点开始并行操作，而非局限于一点；

3）通过目标函数计算适配值，不需要其他推导，从而对问题的依赖性较小；

4）寻优规则是由概率决定的，而非确定性的；

5）在解空间进行高效启发式搜索，而非盲目地枚举或完全随机搜索；

6）对于待寻优的函数基本无限制，它既不要求函数连续，也不要求函数可微，既可以是数学解析式所表示的显函数，又可以是映射矩阵甚至是神经网络等隐函数，因而应用范围较广；

7）遗传算法具有并行计算的特点，因而可通过大规模并行计算来提高计算速度；

8）遗传算法更适合大规模复杂问题的优化；

9）遗传算法计算简单、功能强。

（3）蚁群算法。蚁群算法（ACS）是一种新型的模拟进化算法，由意大利学者 Dorigo M 于 1992 年首次提出。

蚁群算法是受到真实的蚁群行为的启发而提出的。单个蚂蚁的觅食行为非常简单，但是有大量蚂蚁组成的蚂蚁群却表现出非常惊人的行为。生物学家研究发现蚂蚁间的信息交流是通过一种叫做外激素的物质进行的。蚂蚁在运动过程中会在它经过的路径上留下这种物质，而且蚂蚁能够感知这种物质，并以此指导自己的行动方向。因此，大量的蚂蚁行进行为就形成了一个正反馈的过程。某一条路径上走过的蚂蚁越多，则后来被选择的概率就越大。这样，经过一段时间，蚂蚁群就能找到运动过程中的最短路径。

蚁群算法最初用于求解旅行商（TSP）问题、分配问题、作业（job-shop）调度问题，并取得了较好的实验结果。而且在图着色问题、布线问题等方面，都有了一系列的应用。由于该算法具有全局优化能力和本质上的并行性，且比起遗传算法具有求解时间短等优点，因而该算法受到了人们的广泛重视，现已开始被应用于高度复杂的组合优化问题、通信网络的路由选择问题、多机器人任务分配问题、数据挖掘、图形生成、划分问题的求解及连续空间的参数辨识及优化中。

蚁群算法的特点如下：

1）算法采用正反馈的原理，搜索速度快；

2）算法具有较好的鲁棒性；

3）算法是一种基于种群的进化算法，具有本质并行性，易于并性实现；

4）易于与其他方法结合，如启发式、自适应算法等。

（4）粒子群优化算法。粒子群优化算法（PSO）是由美国社会心理学家 James Kennedy 和电气工程师 Russell Eberhart 受鸟群觅食行为的启发于 1995 年提出的一种基于群体智能理论的全局优化算法。它通过群体中粒子间的合作与竞争产生的群体智能指导优化搜索，即模拟鸟群的捕食行为来达到优化问题的求解。在解空间随机初始化鸟群时，将鸟群中的每一只鸟称为一个"粒子"，这些"粒子"都有自己的位置和速度。其中位置用于表征问题解。通过评价各"粒子"，分别得出各"粒子"某时刻的最优位置和群体最优位置。各个"粒子"在以某种规律移动，通过"粒子"记忆追随当前的最优"粒子"，不断更新"粒子"的速度和位置，在解空间搜索。"粒子"根据历史经验并利用信息共享机制，不断调节自己的位置，找到问题的全局最优解。

粒子群算法的特点是：算法原理简单，易于实现；无 GA 遗传算法复杂的编码、交叉与变异运算，编程容易、参数少、操作简单、收敛速度快、使用方便；同时利用个体间若干信息和群体信息，故并行性及鲁棒性好；群体搜索，并具有记忆能力，更不易陷入局部极值；算法通用，不依赖于问题信息，更具有随机性。

第二节　控制设备与装置的研发及生产

实际的控制系统，无论是传统的模拟控制系统，还是以计算机为核心的数字控制系统，都是由一些基本的自动化设备组合而成，所以物理上的自动控制系统是为了完成既定的自动控制任务，由一些基本自动化设备（部件、装置）有机组成的系统。这里的自动化设备是实物。由第三章内容已经知道，一个控制系统基本上都是由传感器、执行器、控制器和被控系统组成，因此，我们所要研发和生产的设备与装置就是传感器、执行器、控制器这些实物（物理装置）。

传感器是将各种非电量按一定规律转换成便于处理和传输的另一种物理量的装置，在本章的第一节已有详述，这里不再赘述。

执行器是将控制信号变换为导致被控量按要求变化所需要的能量或物质的装置。在一个过程控制系统中，执行器一般是接收控制器发出的直流电流信号（或数字信号），并将其转换为相应的角位移或线位移量，去操纵阀门、挡板、转速等。

控制器相当于控制系统的大脑，它接收控制系统的外部信息和内部信息，通过对这些信息的加工处理，得出对被控系统的控制信号，并传给执行器。物理上的控制器是由模拟电路或数字电路（计算机）实现的。

下面对由模拟电路和数字电路组成的各种控制设备与装置进行分类介绍。

一、模拟控制仪表

模拟仪表的应用始于 20 世纪 50 年代，在此之前，人们使用电气机械式控制器。我国电动、气动单元组合式检测、控制成套仪表的研究和试制工作始于 1958 年。20 世纪 60 年代初，以电子管作基本电子器件的 DDZ-Ⅰ型电动单元组合仪表试制成功。该系列仪表的主要特点是：采用交流分散供电，单元之间无论距离如何，均采用 0～10mA DC 作为传输信号；另外，在系统结构上，控制、显示、操作三种功能是彼此分离的，也就是说，不同的单元有不同的、单一的功能。

DDZ-Ⅰ型仪表存在着许多缺点，如无论传输距离的远近，均采用电流传输制，这样，就势必在每个单元内增设功率放大级，这不但使仪表体积增大，同时也使热耗增加；另外，结构上的功能分离，使构成一个复杂系统要采用很多个单元，那会带来许多不便，如仪表盘面过大、操作整定麻烦、盘后接线杂乱等。

随着半导体器件生产技术的显著进展，1965 年我国着手研制以晶体管和小型电子器件为基本元件的 DDZ-Ⅱ型电动单元组合仪表。与 DDZ-Ⅰ型仪表不同的是，DDZ-Ⅱ型采用"功能合一"的结构，它可同时完成多种功能，如控制、操作、显示等。为了适应自动化系统提出的新要求，DDZ-Ⅱ型系列增设了许多特殊功能的仪表，在结构上也进行了很大的改进。由于该型仪表实现了晶体管化，所以单元的面积大大缩小，仪表的抗振性和功耗均优于 DDZ-Ⅰ型仪表；但是 DDZ-Ⅱ型系列中的差压、压力变送器仍继承了 DDZ-Ⅰ型仪表的力平衡测量原理，执行器也沿用了 DDZ-Ⅰ型执行器的位置反馈原理。

继 DDZ-Ⅱ型仪表之后，1975 年我国又研制出了 DDZ-Ⅲ型仪表。该型仪表与 DDZ-Ⅱ型仪表有较大区别：首先，它考虑了安全防爆问题，从而使电动单元组合仪表的应用范围扩大到含有可燃、可爆性气体和粉末等危险场合；其次，采用线性集成电路作为线路的核心器件，这就大大提高了线路工作的可靠性；第三，在信号制（采用 0～10mA DC）、供电方式以及在功能品种、仪表结构原理等方面与 DDZ-Ⅱ型仪表均有明显的差别。DDZ-Ⅲ型仪表的整体水平比 DDZ-Ⅱ型仪表又前进了一步。

随后，人们又研制了一种组装式电子综合控制装置。这种装置方便、灵活，能灵活地组成各种复杂的控制系统，可靠性高，占空系数大。但是，组装式仪表并没有从本质上改变控制仪表的性能。至此，模拟仪表就没有再大的发展，转为数字仪表的兴起。

20 世纪 70 年代初，微处理器的出现标志着计算机技术发展有了的突破性进展。在充分利用微处理器技术特点的基础上，人们研制出了以微处理器为核心的新型仪表，称其为数字调节器。数字调节器的硬件通常由微处理器、ROM、RAM、面板接口、A/D、D/A、DI、DO 通道、通信接口等组成，是一个微型的微机系统。其软件系统由系统程序和用户程序组成，可以完成系统组态、模块功能运算、面板功能监控等。通过通信接口与总线，多台数字调节器可与集中监视操作站或上位机进行信息交换，组成计算机多级控制系统，实现各种高级控制以及集中管理。由于这种仪表的输入输出多为模拟量，也可以数字输出，因此，也把这种仪表称为数模混合仪表，但在实际应用时，通常与模拟仪表混合使用，因此，从仪表系统的总体上看，由它们组成的控制系统还是模拟系统。在 20 世纪 80 年代，数模混合仪表有很大的发展。

与模拟仪表相比，虽然数字调节器有许多优点，但它毕竟是分立式仪表，要构成复杂的控制系统时，需要多台数字调节器，这给安装带来很多麻烦，也降低了系统的可靠性。因此，单回路调节器并没有在火电厂中大范围使用。

模拟仪表在使用过程中也出现了许多问题，例如：生产过程需要构成多参数、多回路的复杂控制系统时，要求控制器能具有除 PID 规律以外的一些特殊控制算法，用模拟仪表实现这些控制算法存在很大困难，特别是现代的一些控制算法用模拟仪表根本无法实现；对于一些大规模的生产过程，如采用模拟仪表，所用的表计数量很多、占地面积过大，使得人—机联系变得十分困难，不仅增加了操作人员的精神负担，也增加了事故率；用模拟仪表组成的控制系统，各局部间没有实时通信能力等。

因此，自 20 世纪 80 年代以后，控制仪表的研究、设计及生产转为以数字仪表为主，控制系统进入了数字控制时代。

二、数字控制系统

（一）计算机监视系统

计算机监视系统（Computer Monitoring System，CMS），也称数据采集系统（Data Acquisition System，DAS），它是一个实时的开环的多通道系统，是生产过程综合自动化系统的一个重要组成部分，它完成对生产工艺流程的实时监视、历史数据存储、数据处理等。如图 4 - 7 所示，火电站综合自动化系统要完成对火电机组的锅炉、汽轮机、发电机及其辅助设备等在线实时参数监测和运行状态变化处理，包括对机组的启动和安全经济运行有关的测量参数实行巡回检测、事故追忆、自动报警、制表打印、历史数据存储以及操作指导、性能指标计算等，以 CRT 画面的形式提供运行人员对生产过程进行监视。

变送单元把来自现场测量单元的微弱信号转换成电流（或电压）信号，然后经过模/数转换通道把该信号转换成数字量存入计算机内存，通过开关量输入通道把开关量存入计算机内存。

20 世纪 70 年代至 80 年代初，监控计算机一般为 16 位字长的小型计算机，配有多台 CRT。后来，由于微型计算机（PC）的发展，监控计算机已被工业控制微型计算机（IPC）所取代。一个数据采集系统由多台 IPC 所组成，IPC 之间多数用 PDP 网络或 NOVELL 网络通信。当分散控制系统（Distributed Control Systems，DCS）出现以后，就开始用 DCS 实现 DAS 功能，从此数据采集系统与其他控制系统融于统一的分散控制系统中。

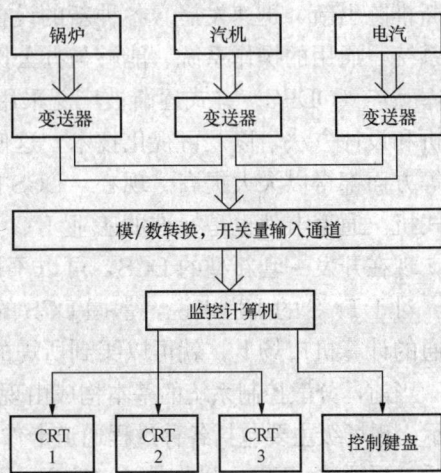

图 4 - 7　计算机监视结构示意图

（二）直接数字控制系统

过程控制技术发展过程中的重要里程碑是计算机的应用。早在20世纪60年代中期，国外一些发达国家已开始应用小型工业控制计算机代替模拟控制仪表，实现直接数字控制（DDC）与监视。在20世纪70年代初，我国也在火电机组控制中进行了试验性的计算机控制工程应用。与模拟仪表相比，计算机控制系统的特点是显著的，例如可以实现除PID调节规律以外的各种调节算法；运算准确度高，避免了模拟系统中元器件老化、特性漂移对运算准确度的影响；可方便实现常规指示、记录、声光报警，还可实现其他的各种直观显示方式，如总貌显示、参数一览显示、流程图显示、趋势显示、报警显示等；可以实现管理与控制一体化。但是，限于当时的计算机发展水平，只能采用集中式的控制方式，无论是计算机的性能、价格，还是整个系统的可靠性，都存在许多问题，难以达到预期的效果和普遍应用的程度。因此，在20世纪七八十年代，计算机在火电厂中的应用还仅限于开环使用，即前面所述的数据采集系统（DAS）。

（三）分散控制系统

虽然最初计算机控制没有在大型生产过程控制系统中得到闭环应用，但是科技工作者们并没有放弃努力，当在20世纪70年代微处理器刚出现时，就充分利用微处理器技术的特点，研制出了以微处理器为核心的新型仪表控制系统，即分散控制系统（Distributed Control System，DCS）。DCS采用了先进的控制功能分散、显示操作和管理集中的设计原则，运用了计算机技术、控制技术和通信技术方面的最新成果，构成一种适合工业过程自动化要求、具有高度可靠性、灵活性及先进控制功能的新一代仪表控制系统。

20世纪80年代末至90年代初，我国开始在单元机组上使用DCS控制，经过七八年的时间，DCS应用技术开始成熟，开始在火电厂中大范围使用。DCS的应用功能不断地扩大，电气控制和汽轮机数字电液控制（DEH）纳入DCS。现在使用DCS的机组已取消了后备硬手操，即取消了机组控制室的重复设备。在老厂自动化技术改造工程中也纷纷使用了DCS。

分散控制系统是过程控制技术发展历史上的一个重要里程碑，是计算机控制技术应用于工业生产中的一种较高的表现形式，是控制技术、计算机技术和网络通信技术共同发展的产物。今天，分散控制系统技术已经非常成熟，并且广泛地应用于各种生产过程中，同时还在不断推陈出新，迅速发展。各种新的设备、新的设计技术和新的通信方式被不断引入分散控制系统，通用的操作系统、能够与办公网络和广域网络方便连接的通信协议，以及开放的数据库互连（ODBC）方式逐渐被广泛采用。开发技术方面开始越来越多地采用了面向对象的分析和设计方法，以及可视化技术，这使得分散控制系统的经济性、可靠性、实时性、开放性等方面都得以大大提高。现在，DCS的上下位计算机都是标准的工控机，甚至是商业用台式机。通道卡件也是标准的工业I/O卡件，通信网络也是采用国际标准化通信协议。因此，现在开发一套新型的DCS，可以不用过多地考虑硬件问题，把开发精力放在软件上即可。对于DCS的用户来说，掌握DCS的结构和技术性能也是比较容易的；硬件故障时，在普通的计算机市场上，就可以买到所需的DCS备品备件。

当前，分散控制系统的基本构成由现场级、控制级、监控级、管理级四层构成。如图4-8所示，现场级主要包括各种过程通道卡件或者模块，控制级包括所有的过程站（PS），监控级包括工程师站（ES）、操作员站（OS）、历史站（HS）和打印机等附属设备，四层中间相应的通信网络由控制网络（Cnet）、监控网络（Snet）、管理网络（Mnet）三层网络结构组成。

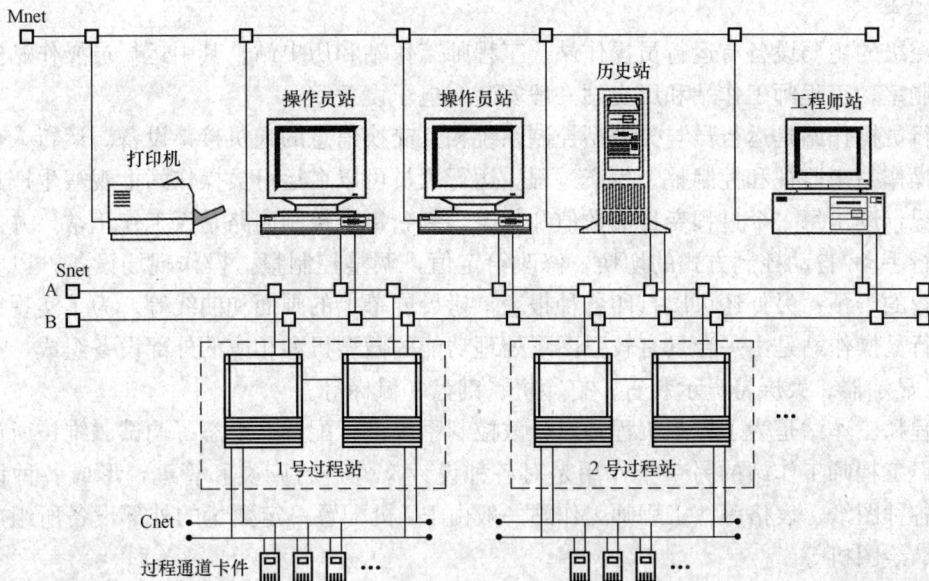

图 4-8 分散控制系统的基本结构

1. 现场级

现场级设备一般位于被控生产过程的附近。典型的现场级设备是各类传感器、变送器和执行器，它们将生产过程中的各种物理量转换为电信号。例如 4～20mA 的电信号（一般变送器）或符合现场总线协议的数字信号（现场总线变送器），送往控制站或数据采集站，或者将控制站输出的控制量（4～20mA 的电信号或现场总线数字信号）转换成机械位移，带动调节机构，实现对生产过程的控制。

目前现场级的信息传递有三种方式：一种是传统的 4～20mA（或者其他类型的模拟量信号）模拟量传输方式；另一种是现场总线的全数字量传输方式；还有一种是在 4～20mA 模拟量信号上，叠加上调制后的数字量信号的混合传输方式。现场信息以现场总线为基础的数字传输是今后的发展方向。

按照传统观点，现场设备不属于分散控制系统的范畴。随着现场总线技术的飞速发展，网络技术已经延伸到现场，微处理器已经进入变送器和执行器，现场信息已经成为整个系统信息中不可缺少的一部分。因此，将其并入分散控制系统体系结构中。

2. 控制级

控制级主要由现场控制站和数据采集站构成。一般在电厂中，把现场控制站和数据采集站集中安装在位于主控室后的电子设备室中。现场控制站接收由现场设备（如传感器、变送器）来的信号，按照一定的控制策略计算出所需的控制量，并送回到现场的执行器中去。现场控制站可以同时完成连续控制、顺序控制或逻辑控制功能，也可能仅完成其中的一种控制功能。

数据采集站与现场控制站类似，也接收由现场设备送来的信号，并对其进行一些必要的转换和处理之后送到分散型控制系统中的其他部分，主要是监控级设备中去。数据采集站接收大量的过程信息，并通过监控级设备传递给运行人员。数据采集站不直接完成控制功能，这是它与现场控制站的主要区别。

3. 监控级

监控级的主要设备有运行员操作站、工程师工作站和历史站。其中运行员操作站安装在中央控制室，工程师工作站和历史站一般安装在电子设备室。

运行员操作站是运行员与分散型控制系统相互交换信息的人机接口设备。运行人员通过运行员操作站来监视和控制整个生产过程。运行人员可以在运行员操作站上观察生产过程的运行情况，读出每一个过程变量的数值和状态，判断每个控制回路是否工作正常，并且可以随时进行手动/自动控制方式的切换，修改给定值，调整控制量，操作现场设备，以实现对生产过程的干预；另外还可以打印各种报表，拷贝屏幕上的画面和曲线等。为了实现以上功能，运行员操作站是由一台具有较强图形处理功能的微型机和相应的外部设备组成，一般配有 CRT 显示器、大屏幕显示装置、打印机、键盘、鼠标等。

工程师工作站是为了控制工程师对分散控制系统进行配置、组态、调试、维护所设置的工作站。工程师工作站的另一个作用是对各种设计文件进行归类和管理，形成各种设计文件，如各种图纸、表格等。工程师工作站一般由 PC 机配置一定数量的外部设备所组成，如打印机、绘图机等。

历史站的主要任务是存储过程控制的实时数据、实时报警、实时趋势等与生产密切相关的数据，用来进行事故分析、性能优化计算、故障诊断等；也可以通过历史站实现与外部网络的接口，使外部网络不直接访问 DCS 监控网络就可以获得所需要的数据，既保证了开放性，又保证了安全性。

4. 管理级

管理级包含的内容比较广泛，一般来说，它可能是一个厂级的管理计算机，也可能是若干个车间的管理计算机。它所面向的使用者是各级行政管理或运行管理人员。管理级也可分成实时监控和日常管理两部分。实时监控是全厂生产工艺系统的运行管理层，承担全厂性能监视、运行优化和日常运行管理等任务，即监控信息系统（SIS）。日常运行管理承担全厂的管理决策、计划调度、行政管理等任务，即管理信息系统（MIS）。

对管理计算机的要求是，能够对控制系统做出高速反应的实时操作系统。大量数据的高速处理与存储，能够连续运行可冗余的高可靠性系统，能够长期保存生产数据，并且具有优良的、高性能的、方便的人机接口，丰富的数据库管理软件、过程数据收集软件、人机接口软件和生产管理系统生成等工具软件，实现整个工厂的网络化和计算机的集成化。

（四）现场总线控制系统

随着控制技术、计算机技术和通信技术的飞速发展，数字化作为一种趋势从工业生产过程的决策层、管理层和控制层一直渗透到现场设备。现场总线的出现，使数字通信技术迅速占领工业过程控制系统中模拟量信号的最后一块领地。一种全数字化的、全开放式的、可互操作的新型控制系统——现场总线控制系统（Fieldbus Control System，FCS）正在向我们走来。现场总线控制系统的出现代表了工业自动化领域中一个新纪元的开始，并将对该领域的发展产生深远影响，将成为新一代主流产品。

FCS 用现场总线这一开放的、具有可互操作的网络将现场各控制器及仪表设备互连，构成现场总线控制系统，同时控制功能彻底下放到现场，降低了安装成本和维护费用。因此，FCS 实质是一种开放的、具可互操作性的、彻底分散的分布式控制系统，是将现场设备与工业过程控制单元和现场操作站互联而成的计算机网络。故可把现场总线称为应用在生产现场、在微机化测量控制设备之间实现双向串行数字通信的系统，也可称为开放式、数字化、多点通信技术。

国际电工协会（IEC）的 SP50 委员会对现场总线有以下三点要求：

（1）同一数据链路上过程控制单元（PCU）、可编程逻辑控制器（PLC）等与数字 I/O 设备互连；

（2）现场总线控制器可对总线上的多个操作站、传感器及执行机构等进行数据存取；

（3）通信媒体安装费用较低。

SP50 委员会提出的两种现场总线结构模型是：

（1）星型现场总线用短距离、廉价、低速率电缆取代模拟信号传输线，如图 4-9 所示；

（2）总线型现场总线数据传输距离长、速率高，采用点—点、点—多点和广播式通信方式，如图 4-10 所示。

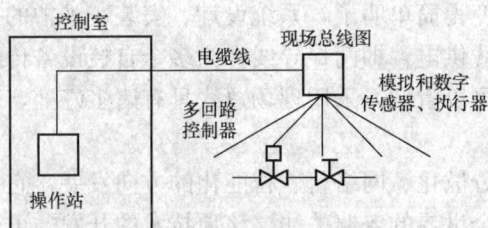

图 4-9　星型现场总线　　　　　　图 4-10　总线型现场总线

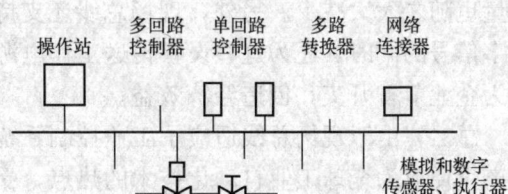

一般来说，现场级的控制网络可以分为三个层次，即传感器总线、设备总线和现场总线。其中传感器总线面向的是简单的数字传感器和执行机构，主要传输状态信息，网上交换的数据单元是位（bit）；设备总线面向的是模拟传感器和执行器，主要传输模拟信号的采集转换值、校正与维护信息等，网上交换的数据单元是字节（Byte）；而现场总线面向的是控制过程，除了传输数字与模拟信号的直接信息外，还可传输控制信息，即现场总线上的节点可以是过程控制单元（PCU）。现场总线网络交换的数据单元是帧（Frame）。图4-11列出了几种现场级网络及其在控制网络三个层次中所处的位置。

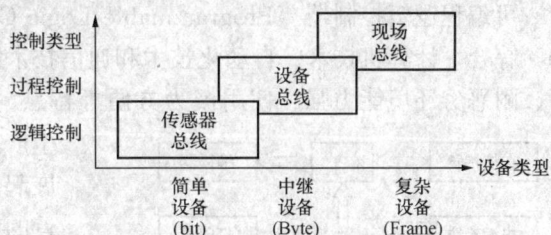

图 4-11　现场级网络在控制网络中的位置

目前，现场总线技术与产品已进入"战国时期"，1999 年在德国举办的"99INTERMARK 国际博览会"即为例证。为此，IEC 下属的 SC65C 决定修改 IEC 1158 协议，不再讨论建立统一标准的问题，而将至少八种现场总线的产品纳入其中。

现场总线技术将专用微处理器置入传统的测量控制仪表，使它们各自都具有数字计算和数字通信能力，成为能独立承担某些控制、通信任务的网络节点。它们分别通过普通双绞线等多种途径进行信息传输联络，把多个测量控制仪表、计算机等作为节点连接成网络系统；把公开、规范的通信协议，在位于生产控制现场的多个微机化自控设备之间，以及现场仪表与用作监控、管理的远程计算机之间，实现数据传输与信息共享，形成各种适应实际需要的自动控制系统。简而言之，成为把单个分散的测量控制设备变成网络节点，共同完成自控任务的网络系统与控制系统。

为实现企业的信息集成和综合自动化，现场总线提供了一种能在工业现场环境运行的、可靠性高、实时性强、造价低廉的可进行底层间、上下层间、与外界信息交换的通信系统和自动化系统。同时在现场总线的环境下，借助现场总线网段以及与之有通信连接的其他网段，实现异地远程自动控制，如操作远在数百千米之外的电气开关等。由于现场总线强调遵循公开统一的技术标准，因而有条件实现设备的互操作性和互换性。也就是说，用户可以把不同厂家、不同品牌的产品集成在同一个系统内，并可在同功能的产品之间进行相互替换，使用户具有自控设备选择、集成的主动权。

现场总线可采用多种途径传送数字信号，如用普通电缆、双绞线、光导纤维、红外线甚至电力传输线等，因而可因地制宜、就地取材，构成控制网络。一般在由两根普通导线制成的双绞线上，可挂接几十个自控设备，与传统的设备间一对一的接线方式相比，可节省大量线缆、槽架、连接件。同时，由于所有的连线都变得简单明了，系统设计、安装、维护的工作量也随之大大减少。另外，现场总线还支持总线供电，即两根导线在为多个自控设备传送数字信号的同时，还为这些设备传送工作电源。可以看到，采用现场总线具有诸多好处，可以为企业节省开支，创造经济效益。

总之，由于现场总线适应了工业控制系统向分散化、网络化、智能化的方向发展，它一经产生便成为全球工业自动化技术的热点，受到全世界的普遍关注。该项技术的开发，可带动整个工业控制、楼宇自动化、仪表制造、工业控制、计算机软硬件等行业的技术、产品的更新换代。现场总线用于过程控制已经成为一种趋势，但是目前国内的中小型火力发电厂的变送器等现场设备还大量使用着传统设备，如果采用基于现场总线控制系统进行系统改造，势必增加很高的成本来更换这些设备，因此基于现场总线控制系统的推广受到了制约，这为我国自动化仪表行业和自控领域提供了良好的机遇，也提出了严峻的挑战。我国有关部门正积极组织力量，开展现场总线技术与产品的开发。

（五）可编程逻辑控制器

可编程逻辑控制器（Programmable Logic Controller，PLC），是以微处理器技术为基础，综合了计算机技术、自动化技术和通信技术的一种新型工业控制装置。其具有可靠性极高、耐恶劣环境能力强、使用极为方便等特点，与机器人技术、CAD/CAM 并列称为工业生产自动化的三大支柱。它是 20 世纪 60 年代发展起来的被国外称为"先进国家三大支柱"之首的工业自动化理想控制装置，是近年来发展极为迅速、应用面极广的工业控制装置，现已广泛应用于自动化的各个领域。

PLC 本质上是一台用于控制的专用计算机，因此，它与一般的控制机（如 STD 总线的控制机）在结构上有很大的相似性。PLC 的主要特点是与控制对象有更强的接口能力，也就是说，它的基本结构主要是围绕着适于过程控制（即过程中数据的采集和控制信号的输出以及数据的处理）的要求来进行设计。图 4 - 12 所示为通

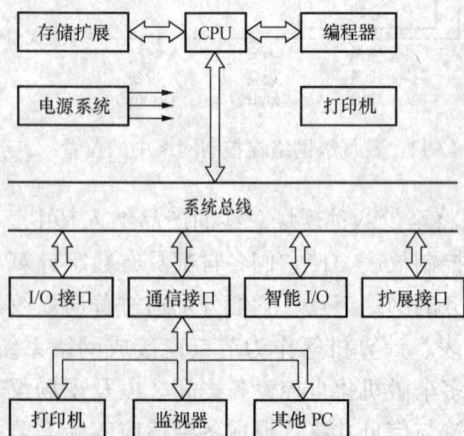

图 4 - 12　通用 PLC 的结构框图

用 PLC 的结构框图。

1969 年，美国数字设备公司（DEC）制成了世界上第一台可编程控制器 PDP‑14，它在美国通用汽车公司汽车装配线上的成功应用，立刻引起全世界的关注，开创了 PLC 的新时代。我国从 1974 年开始研制，1977 年开始工业应用。早期的可编程控制器是为了取代继电器控制线路，采用存储程序指令完成顺序控制而设计的。它仅有逻辑运算、计时、计数等顺序控制功能，用于开关量控制。所以通常将可编程控制器简称为 PLC，即可编程逻辑控制器。随着 PLC 的发展，它不仅能完成逻辑运算控制，而且能实现模拟量、脉冲量的算术运算，故把原来的"Logic"删去，简称可编程序控制器（Programmable Controller，PC）。为避免与个人电脑（Personal Computer，PC）混淆，至今国内外仍采用 PLC 代表可编程序控制器。PLC 的发展可分为三个阶段。

（1）实用化发展阶段（20 世纪 70 年代中期），由于大规模集成电路的出现，使多种 8 位微处理器芯片相继问世，使可编程控制器技术产生了飞跃。

（2）成熟阶段（20 世纪 70 年代末），由于超大规模集成电路的出现，使 16 位微处理器和 MCS‑51 单片机相继问世，使可编程控制器向大规模、高速度、高性能方向发展，这样就形成了多种系列化产品，出现了紧凑型、低价格和多种不同性能的新一代产品。

（3）加速发展阶段（20 世纪 90 年代），世界各国、各公司不断开发出新产品，在软件方面，也不断向上发展并与计算机系统兼容。PLC 近几年得到了迅速发展和广泛应用，从市场调查可知，其销售量已处于 14 种工业自动控制装置的首位，应用面几乎覆盖所有工业企业和各行各业。随着微电子技术的快速发展，PLC 制造成本不断下降，而功能却大大增强。

PLC 一直在发展中，直到目前为止，还未能对其下最后的定义。1980 年，美国电气制造商协会（NEMA）将 PLC 正式命名为可编程序控制器，其定义为：可编程序控制器是一个数字式电子装置，它使用了可编程序的记忆体以储存指令，用来执行诸如逻辑、顺序、计时、计数和演算等功能，并通过数字或模拟的输入和输出，以控制各种机械和生产过程。一部数字电子计算机若是用来执行可编程序控制器之功能者，亦被视同为可编程序控制器，但不包括鼓式或机械式顺序控制器。国际电工委员会（IEC）先后于 1982 年 11 月、1985 年 1 月、1987 年 2 月颁布草案，其定义为：可编程控制器是一种数字运算操作的电子系统，专为在工业环境下应用而设计，它采用一类可编程序的存储器，用于在其内部存储程序，执行逻辑运算、顺序控制、定时、计数和算术操作等面向用户的指令，并通过数字式和模拟式的输入输出，控制各种类型的机械的生产过程。可编程序控制器及其有关外围设备，都按易于与工业控制系统联成一个整体、易于扩充功能的原则设计。

PLC 的主要特点有：

（1）可靠性高、抗干扰能力强。

（2）体积小、质量轻、功耗低。

（3）功能完善、扩充方便、组合灵活、实用性强，具有运动、过程、步进、条件等多种控制功能和监控、数据处理、远程 I/O、通信联网、扩展等多种功能，而且现代 PLC 所具有的功能及其各种扩展单元、智能单元和特殊功能模块，可以方便、灵活地组合成各种不同规模和要求的控制系统，以适应各种工业控制的需要。

（4）编程简单、使用方便、控制过程可变、具有良好的柔性。PLC 继承传统继电器控制电路清晰直观的特点，充分考虑电气工人和技术人员的读图习惯，采用面向控制过程和操作者的"自然语言"——梯形图为编程语言，容易学习和掌握。PLC 控制系统采用软件编程来实现控制功能，其外围只需将信号输入设备（按钮、开关等）和接收输出信号执行控制任务的输出设备（如接触器、电磁阀等执行元件）与 PLC 的输入、输出端子相连接，安装简单，工作量少。当生产工艺流程改变或生产线设备更新时，不必改变 PLC 硬件设备，只需改编程序即可，灵活方便，具有很强的"柔性"。

PLC 控制器所具有的功能既可用于开关量控制，又可用于模拟量控制；既可用于单机控制，又可用于组成多级控制系统；既可控制简单系统，又可控制复杂系统。PLC 的应用可大致归纳为如下几类。

(1) 逻辑控制。逻辑控制是 PLC 最基本、最广泛的应用方面。用于 PLC 取代继电器系统和顺序控制器，实现单机控制、多机控制及生产线自动控制，如各种机床，自动电梯，锅炉上料，注塑机械，包装机械，印刷机械，纺织机械，装配生产线，电镀流水线，货物的存取、运输和检测等的控制。

(2) 运动控制。运动控制是通过配用 PLC 生产厂家提供的单轴或多轴等位置控制模块、高速计数模块等来控制步进电机或伺服电机，从而使运动部件能以适当的速度或加速实现平滑的直线运动或圆周运动。可用于精密金属切削机床、成型机械、装配机械、机械手、机器人等设备的控制。

(3) 过程控制。过程控制是通过配用 A/D、D/A 转换模块及智能 PID 模块实现对生产过程中的温度、压力、流量、速度等连续变化的模拟量进行单回路或多回路闭环调节控制，使这些物理参数保持在设定值上。在各种加热炉、锅炉等的控制以及化工、轻工、食品、制药、建材等许多领域的生产过程中有着广泛的应用。

(4) 数据处理。有些 PLC 具有数学运算（包括逻辑运算、函数运算、矩阵运算等），数据的传输转换、排序、检索和移位以及数制转换、编码、译码等功能，可以完成数据的采集、分析和处理任务。这些数据可以与存储在存储器中的参考值进行比较，也可传送给其他的智能装置，或者输送给打印机打印制表。数据处理一般用于大、中型控制系统，如数控机床、柔性制造系统、过程控制系统、机器人控制系统等。

(5) 多级控制。多级控制是指利用 PLC 的网络通信功能模块及远程 I/O 控制模块，可以实现多台 PLC 之间的连接、PLC 与上位计算机的连接，以达到上位计算机与 PLC 之间、PLC 与 PLC 之间的指令下达、数据交换和数据共享，这种由 PLC 进行分散控制、计算机进行集中管理的方式，能够完成较大规模的复杂控制，甚至实现整个工厂生产的自动化。

当前 PLC 技术发展总的趋势是系列化、通用化和高性能化，主要表现在以下几个方面。

(1) 在系统构成规模上向大、小两个方向发展。发展小型（超小型）化、专用化、模块化、低成本 PLC 以真正替代最小的继电器系统；发展大容量、高速度、多功能、高性能价格比的 PLC，以满足现代化企业中那些大规模、复杂系统自动化的需要。

(2) 功能不断增强，各种应用模块不断推出。大力加强过程控制和数据处理功能，提高组网和通信能力，开发多种功能模块，以使各种规模的自动化系统功能更强、更可靠，组成和维护更加灵活方便，使 PLC 应用范围更加扩大。

(3) 产品更加规范化、标准化。目前在某些先进国家中 PLC 已成为工业控制的标准设备。PLC 厂家在使硬件及编程工具换代频繁、丰富多样、功能提高的同时，日益向 MAP

（制造自动化协议）靠拢，并使 PLC 基本部件，如输入输出模块、接线端子、通信协议、编程语言和工具等方面的技术规格规范化、标准化，使不同产品间能相互兼容，易于组成网络，以方便用户真正利用 PLC 来实现工厂生产的自动化。

第三节 信息与管理

今天，计算机控制已经在自动化领域得到了广泛应用。与此同时，人们对计算机在信息与管理方面的应用也提出了更高的要求。信息与管理已经成为自动化领域的主要内容。

一、管理信息系统

管理信息系统（Management Information System，MIS）是在 20 世纪 80 年代发展起来的。MIS 采用关系型数据库，主要适合于为一个企业的运营、生产和行政管理工作服务，完成设备和维修管理、生产经营管理、财务管理、办公自动化等。它是计算机技术和自动化技术共同发展的产物。

管理信息系统（MIS）同其他任何学科一样，都有一个不断发展和不断完善的过程，它的概念逐步充实和完善。对于 MIS 的概念，不同的理解角度会产生不同的定义。根据应用经验认为，管理信息系统是能够提供过去、现在和将来预期信息的一种有条件的管理方法，是一个覆盖全企业或主要业务部门的辅助管理的人—机（计算机）系统，有别于其他的计算机系统，它与企业的管理密切相关，与企业的管理模式、市场意识有关，并且是为企业的最终目标来服务。一般来讲，管理信息系统有以下五个特点：

（1）面向管理决策；

（2）综合性的系统；

（3）人机合一的系统；

（4）现代管理方法和手段相结合的系统；

（5）学科交叉的边缘科学。

以上提到，管理信息系统是人机合一的系统。因而，纵观管理信息系统的各个应用环节，都是离不开计算机的，但是，在管理信息系统使用计算机的过程中，应注意以下几个问题：

（1）管理中使用计算机，首先要求管理方式科学化；

（2）领导者的重视以及主要管理者的支持是管理信息系统成功与否的先决条件；

（3）应建立本单位的计算机应用队伍。

一个管理信息系统是由各组成部件组合而成的，构成部件的组合方式就是管理信息系统的结构。对于部件理解的着眼点不同，就会有不同的结构方式。一般来说，最主要的结构有概念结构、功能结构和软件结构。

（1）信息系统的概念结构。从概念上看，管理信息系统由四大部件组成，即信息源、信息处理器、信息用户和信息管理者。信息源是信息产生源泉。信息处理器担负着信息的传输、加工、存储等任务。信息用户是信息的使用者，他应用信息进行决策。信息管理者负责信息系统的设计与实现，在实现之后，他还应该负责信息系统的运行和协调。按照以上四大部件及其内部组织方式可以把信息系统看成以下各种结构。

首先，根据各部件之间的关系可以把管理信息系统的结构分为开环和闭环结构。开环结

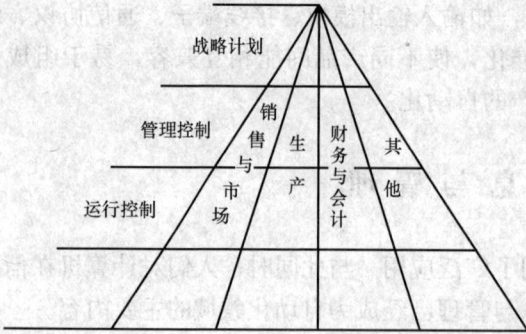

图 4 - 13　管理信息系统的金字塔

构是一种无反馈结构，这种结构的特点是系统在执行一个决策的过程中不收集外部信息，并且不根据信息情况改变决策，直至最终产生本次决策的结果，事后才做出评价供以后的决策作参考。而闭环结构则是在决策的执行过程中不断收集信息，并将这些信息送给决策者，不断地调整决策。

其次，根据处理的内容及决策的层次来看，可以把管理信息系统看成一个金字塔式的结构，如图 4 - 13 所示。

因为对于一个组织来说，其管理是分层次的，比如可分为战略计划、管理控制、运行控制三层，所以为它们服务的信息处理与决策支持也相应分为三层，并且还有更加基础的业务处理，如打字、算账、制表等工作。同时由于一般管理均是按职能以条进行分割的，信息系统也就可以分为销售与市场、生产、财务与会计、人事及其他。一般来说，下层的系统处理量大，上层的处理量小，所以就组成了纵横交织的金字塔结构。

管理信息系统的结构又可以用子系统及它们之间的连接来描述，所以又有管理信息系统的纵向综合、横向综合和纵横综合的概念。横向综合是按层划分子系统，纵向综合就是按条划分子系统。例如，将车间、科室及总经理层的所有人事问题划分成一个子系统。纵横综合则是金字塔中任何一部分均可与任何其他部分组成子系统，达到随意组合的目的。

（2）信息系统的功能结构。如果从使用者的角度看，管理信息系统总是有一个目标，具有多种功能，并且各种功能之间又有各种信息联系，这些相互的联系构成一个有机结合的整体，形成一个功能结构。例如，一个企业内部管理系统可以具有如图 4 - 14 所示的结构。这个系统表明了企业各种功能子系统是如何相互联系，形成一个全企业的管理系统。

（3）信息系统的软件结构。支持管理信息系统各种功能的软件系统或软件模块所组成的系统结构是管理信息系统的软件结构。

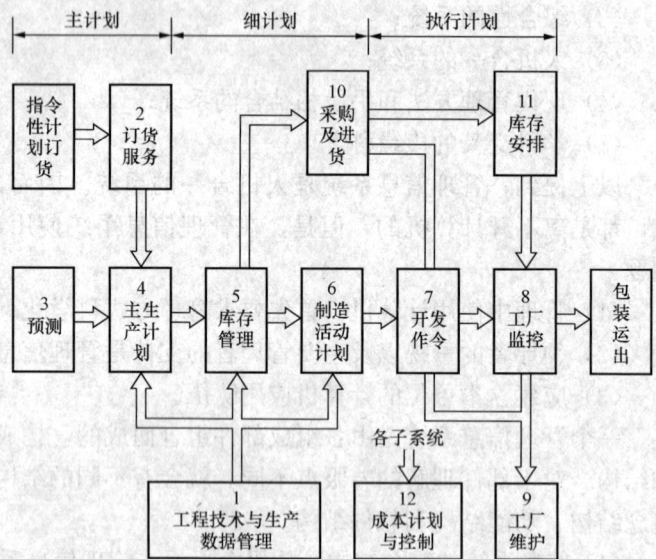

图 4 - 14　企业内部管理系统

一个管理系统可用一个类似图 4 - 15 所示的功能/层次矩阵表示。

图 4 - 15 中每一列代表一种管理功能，随着组织不同，这种功能的划分方法也会不同；每一行表示一个管理层次，行列交叉表示每一种功能子系统可为若干个管理层次服务，每一层次要包括所有管理功能。对各个职能子系统的职能简述如下：

1）销售市场子系统，主要包括销售和推销。

2）生产子系统，包括产品设计、生产设备计划、生产设备的调度和运行、生产人员的雇用和训练、质量控制和检查等。

3）后勤子系统，包括采购、收货、库存控制和分发。

4）人事子系统，包括雇用、培训考核记录、工资和解雇等。

5）财务和会计子系统，财务的目标是保证企业的财务要求，并使其花费尽可能的低。

6）信息处理子系统，该系统的作用是保证企业的信息需要。

7）高层管理子系统。

在管理信息系统中主要涉及数据处理技术、数据库技术以及计算机网络技术。

图 4-15　功能/层次矩阵

二、厂级监控信息系统

企业的信息化建设是当前技术进步的重要手段。长期以来，企业的信息化建设主要集中在两个层面，即底层以 DCS 为代表的生产过程自动化系统和上层以 MIS、ERP（企业资源规划）为代表的管理信息化系统。生产过程自动化大大提高了生产过程运行的安全性、可靠性，并直接改善了机组运行的经济性；管理信息化系统实现了企业人、财、物的科学化管理，提高了管理的效率，这些系统都为企业带来了较大的经济效益。但是，在控制与管理之间仍存在较大的脱节，管理缺乏全面准确的数据支撑、控制缺乏全局优化的指导，影响了企业效益的进一步提高。

自 20 世纪 90 年代末以来，厂级监控信息系统（Supervisory Information System，SIS）正逐步成为企业技术进步的一个新的主要方向。SIS 以网络和计算机软件技术为基础，一方面，将面向生产设备的 DCS 和面向全厂的各种自动化系统互联，建立统一的实时数据库和应用软件开发平台；另一方面，系统与 MIS、ERP 系统互联，架设起控制系统与管理系统之间的桥梁，实现生产实时信息与管理信息的共享。

SIS 通过生产过程数据的实时监测和分析，实现对全厂生产过程的优化控制，在整个工程范围内充分发挥主辅机设备的潜力，达到生产过程控制系统运行在最佳工况的目的。同时该系统提供全厂完整的生产过程历史/实时数据信息，可作为上层公司信息化网络的可靠生产信息资源，使公司管理和技术人员能够实时掌握各企业生产信息及辅助决策信息，充分利用和共享信息资源，提高决策水平。目前，SIS 已开始在许多大型企业工程（如新建火电厂）中推广应用。

在信息化的建设过程中，SIS 处于控制和管理的中间层，是互联 DCS 和 MIS 的中间环节，如图 4-16 所示。

SIS 不同于 DCS，SIS 建立在 DCS 基础之上，需要从生产设备 DCS 以及其他数据源中集成实时和历史过程信息，进行分析和管理，是 DCS 的上一级自动化系统。SIS 主要为全

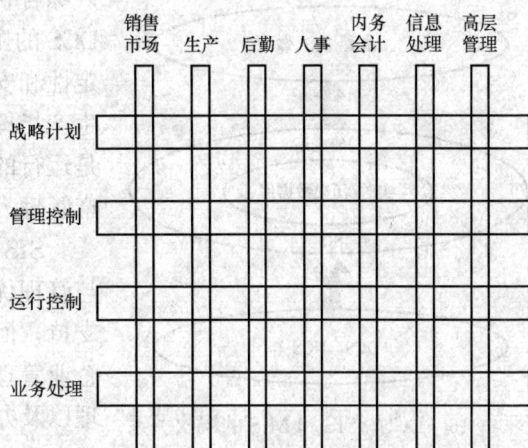

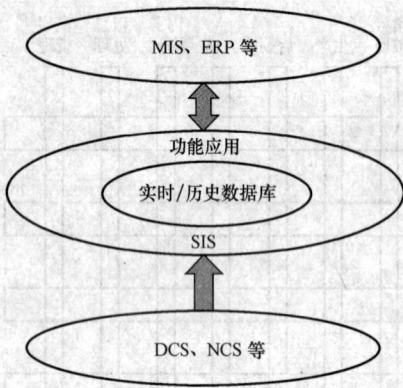

图 4-16　DCS、SIS 和 MIS 的层次关系

厂综合优化服务，而 DCS 是为车间级自动化服务。DCS 的主要定位是车间过程控制，以运行准确性、稳定性和安全性为首要目标。SIS 作为全厂实时监控和生产指挥调度中心，以整个工厂为监控对象，强调的是运行的质量和效率，以经济性为其首要目标，为生产管理人员的分析和决策提供支持。

SIS 也不同于 MIS，SIS 主要解决生产过程监控与管理优化方面的问题，重点是数据分析和辅助决策支持，面向的是企业生产和技术管理层面；MIS 属于企业管理现代化范畴，主要服务对象是经营、财务管理以及办公自动化等领域，以组织、交换和共享管理信息为目的。SIS 实时性和可靠性要求很强，强调连续不间断运行；MIS 实时性和安全可靠性要求相对较低。SIS 也不仅仅是某个专业高级应用软件的组合，而是涉及厂级网络和各专业自动化系统数据集成、共享、应用的综合性系统工程。

（一）SIS 的结构

SIS 总体上包括三大部分：实时数据采集前端、实时/历史数据库和建立在数据库系统上的功能应用。实时数据采集前端是实时/历史数据库与控制系统之间的桥梁，负责从现场控制系统采集实时数据，并发送到实时/历史数据库中。实时/历史数据库是 SIS 的核心，它用来保存生产过程的实时和历史数据。由于生产过程数据量大，且带有时间标签，因此常规的关系型数据库难以满足要求，一般都采用专用的实时/历史数据库。SIS 的灵魂在于其上层的功能应用，它提供了实时数据监视、性能计算、设备状态检测及故障诊断等一系列丰富的功能模块。SIS 的一般网络架构如图 4-17 所示。

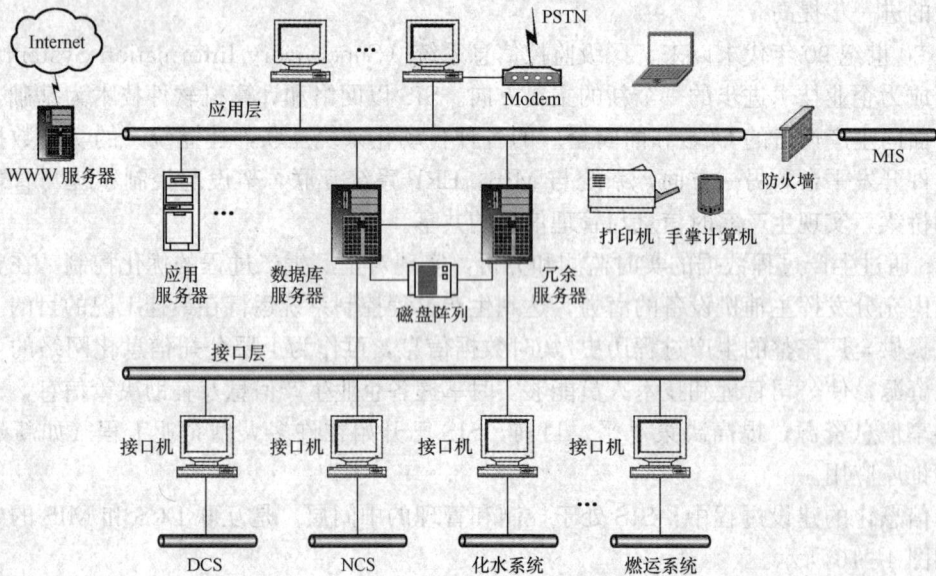

图 4-17　SIS 的一般网络架构

（二）SIS 的功能应用

SIS 之所以发展如此迅速，得益于其丰富的功能应用。下面介绍目前开发和应用较多的功能。

1. 生产过程信息监测和统计

包括如下应用。

（1）过程监视画面；

（2）趋势图；

（3）数据报表；

（4）统计。

SIS 通过与 DCS、NCS 和各公用辅助车间 PLC 等的网络接口，采集来自现场的一次实时参数监控信息，这些信息原始而准确地反映了全厂各主辅设备、各工艺系统及各公用车间的实时运行情况，可供各级管理人员了解各自所需的信息，进而进行有效的管理。

2. 实时性能计算、分析和操作指导

对火力发电厂热力系统进行能耗在线监测以及提供相应的分析指导，以降低机组运行可控损失，改进机组热耗。其主要方法是将主/再热蒸汽温度、压力和空预器排烟温度等主要可控参数的实时状态参数，与其目标值进行计算、比较、分析。这些可控参数由用户根据生产过程的需要进行选择，并能人为加以控制调节。而目标值的计算则主要基于设计数据、性能试验、运行历史数据等信息，利用高逼真度的数学仿真模型计算而来。这些信息可以由用户配置并且在权限许可下进行修改。可控参数对热耗率的影响由实际值与目标值的偏差计算而来，常称为耗差分析。对耗差超出允许范围的情况，系统可根据基于神经网络的专家系统工具诊断出造成大偏差的原因，并给出可供选择的操作指导意见。经济性分析和优化子系统通过优化机组运行，改进机组热耗，从而降低运行成本。

3. 设备状态监测与故障诊断

设备状态监测和故障诊断子系统能监测工厂设备的运行状态，判断其是否正常，预测、诊断、消除故障，指导设备的管理和维修。它由状态监测和故障诊断两部分组成。

状态监测是掌握设备运行状态的第一手信息，针对各种运行状态参数，结合其历史信息，考虑环境因素，采用专业的分析和判断方法，评估其是处于正常状态，还是异常或故障状态，并进行显示和记录，对异常状态做出报警，在故障状态下为故障诊断提供信息。

故障诊断是根据状态监测获得的信息，结合结构参数、物性参数、环境参数，对设备的故障进行预报、判断和分析，确定其性质、类别、部位、程度、原因，指出发展的趋势和后果，提出控制其继续发展和消除故障的对策措施，最终使设备恢复到正常状态。

4. 设备寿命监测和管理

设备寿命监测和管理子系统通过实时监测机组主要设备状态参数，如温度、压力、流量和负荷等，在机组启停过程和甩负荷等负荷剧烈变化过程中，根据数学模型计算其机械应力和热应力，并根据交变应力转化为当前运行工况下的寿命损耗率，从而量化和评估锅炉、汽轮机等主要设备的寿命损耗，以达到维持机组运行可靠，减少设备检修、更换费用，延长设备使用寿命，提高发电产出的目的。

5. 控制系统优化

控制系统优化子系统通过实时数据库中采集和存储的丰富的现场运行数据，对被控对象的特性进行在线辨识。可以通过人为地在控制系统中加入扰动信号的方式，拟合对象的开环传递函数，也可以根据机组正常的运行数据进行闭环辨识，而无需进行专门的扰动试验。目前，国外还有人研究利用数据挖掘和数据库知识发现技术建立火电厂全工况、全操作条件下的模型。对控制器参数的优化是根据已知的控制对象特性，应用最优化方法搜索控制器的最佳参数，为控制器参数的整定提供准确的参考依据。常使用直接法（如单纯形法）进行寻优。近年来，神经网络法、遗传算法等近代智能算法在控制器参数优化中的应用研究，也取得了长足的进展。

6. 厂级优化负荷分配

在电力负荷调度中，"调度到机"的自动发电控制（AGC）方式是目前普遍采用的方式。随着"厂网分开，竞价上网"的来临，为了提高电厂的安全生产管理水平与经济效益，以及更加符合电力调度分级管理的原则，"调度到厂"的 AGC 方式将普遍推广应用。

厂级优化负荷分配子系统接受电网调度中心能量管理系统（EMS）的全厂负荷指令，以各机组供电煤耗量最小为目标，在保证机组运行在允许的负荷范围内和安全工况约束条件下，计算全厂各台机组应发的经济功率，给出调节全厂各机组负荷分配指导信息，使全厂的负荷及时满足电网要求，提高机组的稳定性，延长主、辅机组设备的寿命，降低全厂的供电煤耗。

三、数字化工厂

随着计算机在设备控制层和厂级管理层的普遍应用，几乎在全厂实现了数字化，人们自然想到把工厂中各个数字信息孤岛通过网络连接在一起，形成一个完整的数字化工厂。

数字化工厂是通过采用先进的信息技术，实现生产和管理数字化，实现人、技术、经营目标和管理方法的集成，是企业管理思想的一个新突破。数字化管理将信息技术贯穿于企业的整体管理流程，可为管理者及时提供过去和现在的数据，并能够预测未来和引导企业人员的工作，使信息技术与工业技术、现代管理技术有机融合，全面提升企业的生产技术和经营管理水平，增强企业的竞争能力。

下面以火电厂为例，介绍数字化工厂的结构及功能。

（一）数字化电厂的模型

按照发电企业管控一体化的思路，数字化电厂层次结构模型如图 4 - 18 所示。图中三个层次分别是直接控制层、管控一体化层、生产经营辅助决策层，两个支持系统是数据库支持系统和计算机网络支持系统。

1. 直接控制层

直接控制层是模型的第一层，完成生产过程的数据采集和直接控制，包括单元机组主控系统（DCS）、汽轮机数字电液控制系统（DEH）、脱硫控制系统（DCS）、电气控制系统（ECS）及辅助控制网（水处理、输煤、除灰渣、除尘）等辅助设备的控制系统。目前控制技术的发展是以现场总线为基础的机、炉、电一体化的先进控制系统，该层直接与生产设备关联，现在一般都随设备直接集成，主要提供设备的运行实时信息及状况，属生产基础数据提供层，是其他两层的基础。

2. 管控一体化层

管控一体化层是模型的第二层，即厂级监控信息系统（SIS），它完成厂级生产过程的监控，结合管理层的信息和直接控制区提供的生产基础数据，对控制系统和机组性能进行整体

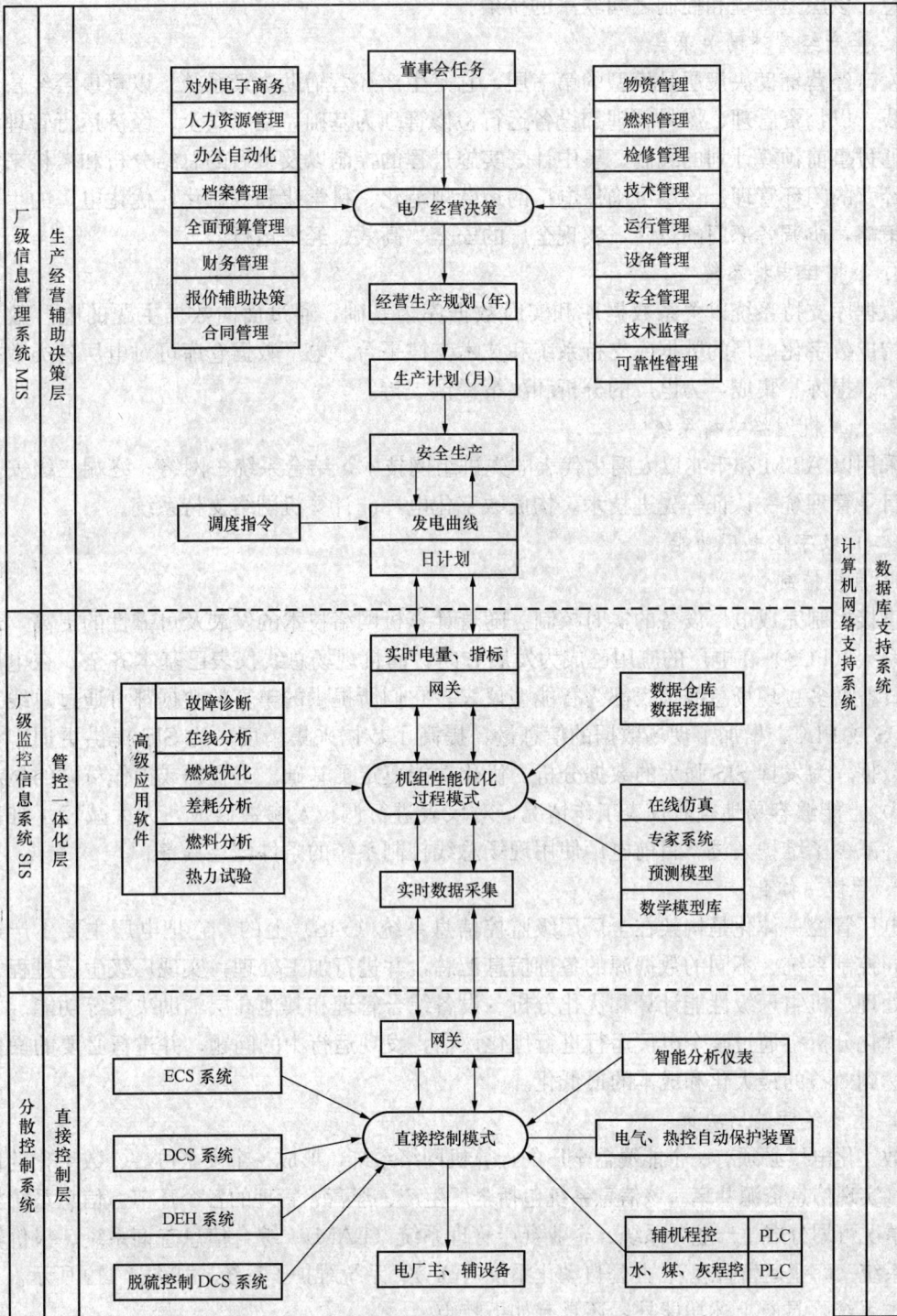

图 4-18 数字化电厂层次结构模型

优化和分析，为过程控制层提供操作指导，同时为生产经营辅助决策层提供所需的分析、统计信息。该层是管理和控制之间联系的桥梁。

3. 生产经营辅助决策层

生产经营辅助决策层是模型的第三层，它是生产经营辅助决策系统。以董事会经营计划为主线，以物资管理、燃料管理和设备运行检修管理为基础，是以安全、经济运行管理为重点，通过事前预算计划的编制、事中计划实施过程的控制以及事后的总结分析和考核来实现生产经营的闭环管理。该层可确保电厂的运营规范化、科学化和效益化，优化电厂的生产计划和策略，协调各部门的运转，实现全厂的安全、高效、经济运行。

4. 数据库支持系统

数据库支持系统以关系数据库和实时数据库为基础，通过面向数据主题的电厂数据仓库，构成数字化电厂的数据库支持系统和技术支撑平台。电厂数据仓库可对电厂各类数据进行分析、提炼、集成，为电厂的分析和决策提供支持。

5. 计算机网络支持系统

采用以 ATM 和千兆以太网为代表的先进组网技术，结合系统—网络—终端三级安全策略、目录管理统一认证等先进技术，构成数字化电厂的计算机网络支持系统。

（二）数字化电厂功能

1. 直接控制

直接控制完成电厂设备的实时控制。随着计算机网络技术的发展及可靠性的提高，现场总线系统（FCS）在电厂的应用已成为发展方向，而且现场总线仪表已基本齐全，在电厂中使用日益增多。现场总线仪表都为智能型仪表，它们所提供的丰富的数据都可通过总线上传到 DCS 或 PLC，增加了现场数据的信息量，提高了数据采集精度，为 SIS 提供更加丰富的现场数据，为发挥 SIS 强大的数据分析、优化功能奠定了基础。工程师或操作员站的显示屏（LCD）上能够容易地查看仪表工作情况，对仪表进行调校及参数修改，大大减轻了维护工作量，减少了维护人员。目前电厂使用现场总线控制系统的条件已经具备。

2. 管控一体化

电厂管控一体化是构架在全厂厂级监控信息系统（SIS）上的，它把电厂主要生产过程中不同控制系统、不同的数据源的各种信息汇总，并进行加工处理，实现厂级生产过程实时数据处理、机组厂级性能计算和优化分析、设备综合管理和其他高层辅助决策等功能。

优化分析指通过整个电厂运行进行优化评估，发现运行中的问题，并进行必要的操作指导，达到效益的最大化和成本的最低化。

3. 生产经营辅助决策

数字化电厂必须有一个能覆盖全厂的计算机网络系统，形成一个安全可靠、数字化的传输网络，实现信息资源共享。该信息系统包括全厂生产、经营、管理的各个环节。信息系统根据业务情况可划分成生产业务系统、企业资产管理系统（EAM）、综合信息查询系统、报价辅助决策系统（商业运营管理）、办公自动化系统（OA）、系统维护子系统，如图 4 - 19 所示。

本系统除具有上述功能外，还具有如下特点。

（1）无纸化办公。以先进网络通信技术为基础，通过办公自动化系统，日常办公流程全部在计算机中实现，包括日常报表、合同会签审批、采购审批单、通报公告等，全部以电子文档的形式通过计算机分发给相关人员，大大节约了办公用纸，提高了办事效率。

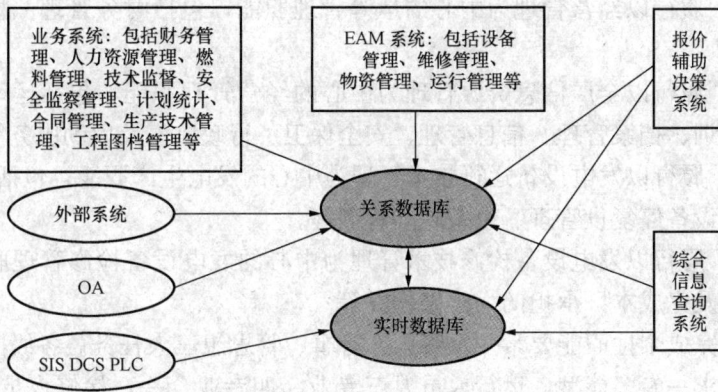

图 4-19 厂级信息系统总体构架

（2）数字档案室。公司所有图纸资料全部以电子文档的形式储存在 MIS 的数据库中，包括工程图纸、工程竣工验收、变更记录、设备说明书、库存备品备件、技术监督记录、检修记录及合同协议等，实现信息共享随时查询。

（3）视频监视。全厂重点防盗、防火部位采用视频监视系统，如主油箱、发电机氢冷区、电缆夹层、电缆沟、油罐区、制氢站、主厂房、主要通道、大门和后门等，并有视频动态弹出功能及声光报警，视频数据压缩后保存在服务器中。

4. 电厂管理机构决策与协调

管理机构采用扁平模式，职能部门数量缩减，功能集中，使人员配置最优化、人员的效率最大化。图 4-20 所示为数字化电厂的扁平式管理机构模型。

图 4-20 中将现有电厂的许多职能部门合并，达到了部门简化、人员精干、效率提高、管理科学化的目标。这种新的扁平式管理机构体现了管理多元化和设岗复合型两个方面，监督决策、策划协调（分为五个部门，覆盖电厂的全部业务，兼顾各个方面的需要和最佳需求）、执行三个层次。

（1）监督决策。包括厂级领导，由总经理和副总经理组成，实行例行、例外分开管理原则，

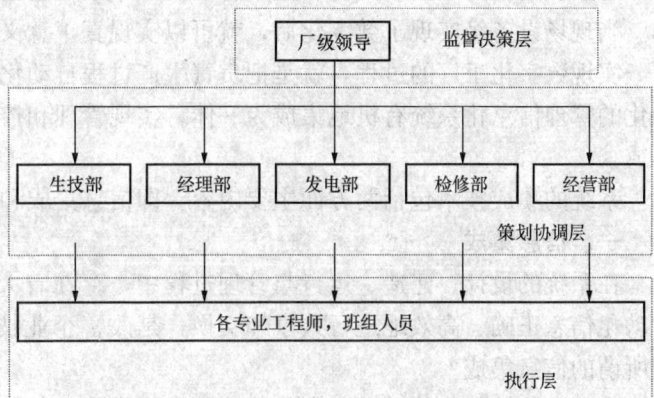

图 4-20 数字化电厂扁平式管理机构模型

常规工作由策划协调层的各部门代表处理，各项工作实行委托授权。这样，各部门责、权、利相结合，领导有条件和精力考虑重要工作和企业发展的深层次问题。

（2）策划协调。设定为综合性的生产管理、经营管理和专业性的发电设备运行技术管理、发电设备维修技术管理、燃料现场管理。它涵盖了电厂的生产经营要素。

1）生产技术部：履行全厂生产监督职能，包括安全监察、检修计划管理、九项监督管理、技术创新、对发电部和检修部等各生产部门进行监督检查等。

2）经营部：履行以经营管理为中心的运筹管理职能，包括财务管理、物资供应、燃料计量管理等。

3）经理部：履行以全厂信息资源管理为中心的经营管理职能，包括运筹计划、劳动工资管理、教育培训、档案管理、信息管理、安全保卫、行政监察及后勤服务等。

4）发电部：履行以发电设备运行技术管理为中心的发电生产职能，包括运行技术管理、运行调度管理、设备停复役管理、设备缺陷管理等。

5）检修部：履行以发电设备检修技术管理为中心的发电设备检修管理职能，包括日常检修维护、抢修及完成本厂承担的大小修任务等。

（3）执行。完成个性职能要素——管人、管事、管思想三大任务。各级岗位均要求复合型设置，员工要求一专多能型，运行人员要三专业、四专业合一；检修人员应具有多工种、擅长管理的素质。重视培养和使用复合型员工，以适应现代企业提高工作效率和经济效益的要求。

第四节　系统的集成与应用

随着计算机及其网络技术在自动化领域的应用，工业生产过程中对于生产设备的控制技术已经非常成熟，生产过程自动化已经达到相当高的水平。与此同时，MIS 和 ERP 的出现，实现了企业人、财、物的科学化管理，提高了管理的效率，这些系统为工业企业带来了较大的经济效益，标志着工业生产过程的管理已进入了信息化。SIS 的出现在过程控制系统与管理系统之间架设起了桥梁，实现了生产实时信息与管理信息的共享。从而，在更大的范围、更深的层次上提高了生产运行和生产管理的效率，为企业经营者提供了辅助决策的手段和工具。当现场设备级实现了数字化后，就可以实现真正意义上的数字化工厂（企业）了。

实现数字化工厂的过程，就是把负责生产过程自动化的数字自动控制系统与负责管理自动化的管理信息化系统有机地集成为一体，实现管理和控制的一体化，这就是自动化系统的集成。

系统的集成技术包括两方面主要内容，即信息集成和设备（产品）集成。

一、信息集成

在系统的设计、建造、运行与管理过程中，存在着大量的"自动化孤岛"，如何将这些自动化信息正确、高效地进行共享和交换，是改善企业技术和管理水平必须要解决的问题，即所谓的信息集成。

在系统的运行与管理过程中，控制任务通常由 DCS、FCS 和 PLC 等基于网络的计算机控制系统完成，管理任务由 MIS 和 SIS 的信息网完成。运行与管理过程中的信息交换与共享是由 SIS 完成的。在发电企业，这些技术已经逐步走向成熟阶段。但是，在系统的设计与建造过程中的自动化信息并没有和运行与管理过程中的自动化信息交换与共享，它们之间还有巨大的鸿沟。要想使它们能进行有效的联系，就必须在系统设计和建造工程中建立起管理信息库。

现在计算机技术已经成功地应用在系统设计、工程制图中，形成了计算机辅助设计（Computer Aided Design，CAD）技术。在辅助设计中所产生的系统结构数据、系统参数、图纸等数字信息都应是设计管理信息库里的内容。通过互联网，把这些内容传给系统建造部门和运行管理部门。系统建造部门根据这些信息对系统进行施工建设并对其质量进行测试和检验，把在建造过程中所产生的数据信息存入建造管理信息库并传给运行管理部门。运行管理部门的 SIS 根据这些数据信息以及生产过程的实时数据、企业内部的管理信息以及企业与外界相联系的信息，进行管理、决策、运行、诊断、优化等。

上述这一系列过程，就是计算机集成制造（Computer Integrated Manufacturing，CIM）过程。

CIM 这一概念是由美国人哈灵顿在 1973 年提出来的，美国开始重视并大规模实施是在 1984 年。哈灵顿认为企业生产的组织和管理应该强调两个观点，即企业的各种生产经营活动是不可分割的，需要统一考虑，整个生产制造过程实质上是信息的采集、传递和加工处理的过程。按照这样的哲理，用信息技术和系统集成的方法构成的具体实现便是计算机集成制造系统（Computer Integrated Manufacturing Systems，CIMS）。

对于 CIM 和 CIMS，现在还没有一个公认的定义。实际上它们的内涵是不断发展的，不同行业的人对它们有不同的理解。但无论怎样，信息集成贯穿于计算机集成制造的整个过程中。

在信息集成过程中，需要两个关键性技术。

（1）企业建模及系统设计方法。没有企业的模型就很难科学地分析和综合企业各部分的功能关系、信息关系以及动态关系。企业建模及设计方法解决了一个制造企业的物流、信息流以及资金流、决策流的关系，这是企业信息集成的基础。

（2）异构环境下的信息集成。所谓异构是指系统中包含了不同的操作系统、控制系统、数据库及应用软件。要想把它们集成在一个资源共享的系统里，需要解决下面三个问题：

1）不同通信协议的共存及向国际公认的标准协议过渡；

2）不同数据库的相互访问；

3）不同商用应用软件之间的接口。

就目前的计算机技术水平而言，上述三个问题的解决，在技术上已经不存在难点。问题的关键是，在信息集成过程中所用到的系统、软件、数据库的厂商需要公开其通信协议甚至数据结构。因此，信息集成已经不是技术层面的问题了，它涉及商务问题。

二、设备集成

一个自动化系统总是由软件和硬件组成。前面谈到的信息集成实际上是软件的集成，下面所讨论的设备（产品）集成是指硬件集成。

一个自动化系统总是由大量的硬件设备组成，这些硬件设备一般不是由一个生产厂家生产的。那么，必须有一些集成商集多家设备与产品，构成所需要自动化系统的设备。在现代社会的今天，这项工作已成为非常重要的工作。现代企业为了提高自身的市场竞争力，已不走"小而全"、"大而全"的道路。现在，面对全球经济和全球生产的新形势，充分利用全球的生产能力，组织全球企业针对某一种特定产品建立企业间的动态联盟，这些联盟的企业可能共同生产一个产品。对于集成厂商来说，他这个企业应该是"两头大、中间小"，即强大的新产品设计与开发能力和强大的市场开拓能力。"中间小"指加工制造的设备能力可以小，多数零部件可以靠协作解决。这样企业可以在全球采购价格最便宜、质量最好的零部件。

这种生产方式是并行生产方式，它可以充分发挥各生产厂家的优势，加快新产品开发速度，提高产品的质量和技术含量，还可以降低产品的成本。

今天，这种生产模式不仅用于生产自动化系统所需要的设备，也用于制造业生产各种产品。

显然，设备的集成就是把各企业生产的设备集成在一起，形成一个完整功能的设备，其实质就是企业间的集成。因此，我们也将设备集成称为企业集成。

在信息技术的条件下，将分布于世界各地的产品、设备、人员、资金、市场等企业资源有效地集成起来，采用各种类型的合作形式，建立以网络技术为基础的、高素质员工系统为核心的设备集成制造企业运作模式，其关键技术包括：

（1）设备生产企业的资源配置与优化；

（2）搭建怎样的网络平台，Internet/Intranet/Extranet；

（3）网络数据存取、交换技术；

（4）产品数据管理技术；

（5）协同工作技术；

（6）工作流管理。

这种设备集成制造是完全基于网络的，所以也可以把设备集成制造称为网络制造。

总之，今天系统集成已成为当今自动化领域的一个主要趋势。

三、计算机集成制造

CIMS 定义为通过计算机硬软件，并综合运用现代管理技术、制造技术、信息技术、自动化技术、系统工程技术。将企业生产全部过程中有关的人、技术、经营管理三要素及其信息与物流有机集成并优化运行的复杂的大系统。因此，企业作为一个统一的整体，必须从系统的观点、全局的观点广泛采用计算机等高新技术，加速信息的采集、传递和加工处理过程，提高工作效率和质量，从而提高企业的总体水平。

制造业的各种生产经营活动，从人的手工劳动变为采用机械的、自动化的设备，并进而采用计算机是一个大的飞跃，而从计算机单机运行到集成运行是更大的一个飞跃。作为制造业自动化技术的最新发展、工业自动化的革命性成果，CIMS 代表了当今工厂综合自动化的最高水平，被誉为是未来的工厂。

目前 CIM 的概念已从典型的离散型机械制造业扩展到化工、冶金等连续或半连续制造业。CIM 概念已被越来越多的人所接受，成为指导工厂自动化的哲理，有越来越多的工厂按 CIM 哲理，采用计算机技术实现信息集成，建成了不同水平的计算机集成制造系统。

CIMS 与计算机综合自动化制造系统是同义词，后者是 CIMS 在中国早期的另一种叫法，虽然通俗些，但因无法表达集成的内涵，使用得较少。

CIMS 是自动化程度不同的多个子系统的集成，如管理信息系统（MIS）、制造资源计划系统（MRP）、计算机辅助设计系统（CAD）、计算机辅助工艺设计系统（CAPP）、计算机辅助制造系统（CAM）、柔性制造系统（FMS），以及数控机床（NC，CNC）、机器人等。CIMS 正是在这些自动化系统的基础之上发展起来的，它根据企业的需求和经济实力，把各种自动化系统通过计算机实现信息集成和功能集成。当然，这些子系统也使用了不同类型的计算机，有的子系统本身也是集成的，如 MIS 实现了多种管理功能的集成，FMS 实现了加工设备和物料输送设备的集成，等等。但这些集成是在较小的局部，而 CIMS 是针对整个工厂企业的集成。CIMS 是面向整个企业，覆盖企业的多种经营活动，包括生产经营管理、工程设计和生产制造各个环节，即从产品报价、接受订单开始，经计划安排、设计、制造直到产品出厂及售后服务等的全过程。

在当前全球经济环境下，CIMS被赋予了新的含义，即现代集成制造系统（Contemporary Integrated Manufacturing System）。将信息技术、现代管理技术和制造技术相结合，并应用于企业全生命周期各个阶段，通过信息集成、过程优化及资源优化，实现物流、信息流、价值流的集成和优化运行，达到人（组织及管理）、经营和技术三要素的集成，以加强企业新产品开发的T（Time）、Q（Quality）、C（Cost）、S（Service）、E（Environment），从而提高企业的市场应变能力和竞争力。

制造全球化的概念出于美国、日本、欧洲等发达国家和地区的智能系统计划。近年来随着Internet技术的发展，制造全球化的研究和应用发展迅速。制造全球化包括的内容非常广泛，主要有：市场的国际化，产品销售的全球网络；产品设计和开发的国际合作；产品制造的跨国化；制造企业在世界范围内的重组与集成，如动态联盟公司；制造资源的跨地区、跨国家的协调、共享和优化利用。全球制造的体系结构将要形成。

制造业自动化新技术的蓬勃兴起，标志着传统制造业正在经历着深刻的变革。敏捷化是制造环境和制造过程面向21世纪制造活动的必然趋势；基于网络的制造，特别是基于Internet/Intranet的制造已成为重要的发展趋势；虚拟制造的研究正越来越受到重视，是实现敏捷制造的重要关键技术，对未来制造业的发展至关重要；智能制造技术的宗旨在于通过人与智能机器的合作共事，去扩大、延伸和部分地取代人类专家在制造过程中的脑力劳动，以实现制造过程的优化。有人说21世纪的制造工业将由两个"I"来标识，即Integration（集成）和Intelligence（智能）。绿色制造是现代制造业的可持续发展模式。

四、并行工程

1988年，美国国防分析研究所（IDA）以武器生产为背景，对传统的生产模式进行了分析，首次系统化地提出了并行工程的概念。几年来，并行工程在美国及西方许多国家十分盛行，已成为制造自动化的一个热点。

20世纪90年代是信息时代，更确切地说是知识的时代。大量新知识的产生，促使新知识的应用更迭周期越来越短，技术的发展越来越快。如何利用这些技术提供的可能性，抓住用户心理，加速新产品的构思及概念的形成，并以最短的时间开发出高质量及价格能被用户接受的产品，已成为市场竞争的焦点。而这一焦点的核心是产品的上市时间。并行工程作为加速新产品开发过程的综合手段迅速获得了推广，并行工程已成为20世纪90年代制造企业在竞争中赢得生存和发展的重要手段。

所谓并行工程就是集成地、并行地设计产品及相关过程，包括制造过程和支持过程的系统化方法。这种方法要求开发人员在设计一开始就考虑产品整个生命周期从概念形成到产品报废处理的所有因素，包括质量、成本、进度计划和用户要求，而不是已经做到哪一步，再考虑下一步怎么走。

传统的产品开发模式为功能部门制，信息共享存在障碍；串行的流程，设计早期不能全面考虑产品生命周期中的各种因素；以基于图纸的手工设计为主，设计表达存在二义性，缺少先进的计算机平台，不足以支持协同化产品开发。全球化大市场的形成，要求企业必须改变经营策略，提高产品开发能力、增强市场开拓能力，但传统的产品开发模式已不能满足激烈的市场竞争要求，因而提出了并行工程的思想。并行工程是一种企业组织、管理和运行的先进设计、制造模式；是采用多学科团队和并行过程的集成化产品开发模式。它将传统的制造技术与计算机技术、系统工程技术和自动化技术相结合，在产品开发的早期阶段全面考虑产品生命周期中的各种因素，力争使产品开发能够一次获得成功，从而缩短产品开发周期、提高产品质量、降低产品成本、增强市场竞争能力。一些著名的企业通过实施并行工程取得了显著效益，如波音（Boeing）、洛克希德（Lockheed）、雷诺（Renauld）、通用电力（GE）等。

传统产品开发过程信息流向单一、固定，以信息集成为特征的 CIMS 可以支持、满足这种产品开发模式的需求。并行产品的设计过程是并发式的，信息流向是多方向的。只有支持过程集成的 CIMS 才能满足并行产品开发的需求。

并行工程具有以下特点：

（1）强调团队工作（Team Work）精神和工作方式；

（2）强调设计过程的并行性；

（3）强调设计过程的系统性；

（4）强调设计过程的快速"短"反馈。

利用并行工程对改造传统产业有重要作用，并将对提高我国企业新产品开发能力、增强其竞争力具有深远的意义。

并行工程实质上就是设备集成或企业集成。

第五章 自动化技术的应用领域

自动化技术是当代发展迅速、应用广泛、最引人瞩目的高技术之一，是推动新的技术革命和新的产业革命的核心技术。自动化技术广泛用于工业、农业、军事、科学研究、交通运输、航空航天、环保、商业、医药、办公服务和家庭生活等人类生产、生活的各个方面。采用自动化技术不仅可以把人从繁重的体力活动、脑力活动、智力活动以及恶劣、危险的工作环境中解放出来，而且能扩展人的器官功能，极大地提高劳动生产率，增强人类认识世界和改造世界的能力。因此，自动化是工业、农业、国防和科学技术现代化的重要条件和显著标志。在某种程度上，可以说自动化是现代化的同义词。

本章将介绍自动化技术在一些重要领域的应用现状和未来发展方向。

第一节 工 业 自 动 化

工业革命是自动化技术的助产士。正是由于工业革命的需要，自动化技术才得到了蓬勃发展，同时自动化技术也促进了工业的进步。

工业自动化一般分为制造业自动化和流程工业自动化两类。制造业中产品的设计和制造过程是一系列生产阶段的传递过程，每一阶段的生产都是以产品设计数据为依据，系统的运行包括信息流和物流的运行，系统结构可划分为工程信息、管理信息和制造信息等子系统。流程工业是指炼油、化工、电力等，物质在"封闭"的环境下流动，生产过程严格按工艺要求连续进行的工业过程，物流固定，工艺固定，追求"优质、高产、稳定、安全"的目标。流程工业的生产和加工方法主要有化学反应、分离、混合等，这些都与离散制造工业有显著不同。

一、制造业自动化

制造业自动化的概念是一个动态发展过程。过去，人们对自动化的理解或者说自动化的功能目标是以机械的动作代替人力操作，自动地完成特定的作业。这实质上是自动化代替人的体力劳动的观点。后来随着电子和信息技术的发展，特别是随着计算机的出现和广泛应用，自动化的概念已扩展为用机器（包括计算机）不仅代替人的体力劳动而且还代替或辅助脑力劳动，以自动地完成特定的作业。但今天看来这种概念仍不完善，将自动化的功能目标看成是用机器代替人的体力劳动或脑力劳动是比较狭窄的理解。这种理解甚至在某种程度上阻碍了自动化技术的发展，例如，有人就认为，中国人口多，搞自动化没有很大的必要。

实际上今天的制造业自动化已远远突破了上述传统概念，具有更加宽广和深刻的内涵。制造业自动化的广义内涵至少包括以下几点。

（1）在形式方面，制造业自动化有三个方面的含义：

1）代替人的体力劳动；

2）代替或辅助人的脑力劳动；

3）制造系统中人、机及整个系统的协调、管理、控制和优化。

（2）在功能方面，制造业自动化代替人的体力劳动或脑力劳动仅仅是制造业自动化功能目标体系的一部分。制造业自动化的功能目标是多方面的，已形成一个有机体系。此体系可用功能目标模型（TQCSE 模型）描述。其中 T 表示时间（Time），Q 表示质量（Quality），C 表示成本（Cost），S 表示服务（Service），E 表示环境友善性（Environment）。

TQCSE 模型中的 T 有两方面的含义：一是指采用自动化技术，能缩短产品制造周期，产品上市快；二是提高生产率。Q 的含义是采用自动化系统，能提高和保证产品质量。C 的含义是采用自动化技术能有效地降低成本，提高经济效益。S 也有两方面的含义：一是利用自动化技术，更好地做好市场服务工作；二是利用自动化技术，替代或减轻制造人员的体力和脑力劳动，直接为制造人员服务。E 的含义是制造业自动化应该有利于充分利用资源，减少废弃物和环境污染，有利于实现绿色制造。

TQCSE 模型还表明，T、Q、C、S、E 是相互关联的，它们构成了一个制造自动化功能目标的有机体系。

（3）在范围方面，制造业自动化不仅涉及具体生产制造过程，而且涉及产品生命周期所有过程。

制造业自动化是自动化技术的热点研究问题和主要应用领域，以下介绍制造业自动化的几个主要方面。

（一）设计自动化

设计自动化是制造业自动化中的一项重大发展。其主要包括以下几个方面。

（1）计算机辅助设计（CAD），是工程技术人员以计算机为工具，用各自的专业知识，对产品或工程进行总体设计、绘图、分析和编写技术文档等设计活动的总称。一般认为，CAD 的功能可归纳为四大类，即建立几何模型、工程分析、动态模拟、自动绘图。为完成这些功能，一个完整的 CAD 系统起码应由人机交互接口、科学计算、图形系统和工程数据库系统等组成。CAD 可被用于各个行业，现在比较成熟的通用设计软件有 AutoCAD 等。

（2）计算机辅助工艺过程设计（CAPP），是根据产品设计所给出的信息进行产品的加工方法和制造过程的设计。一般认为，CAPP 系统的功能包括毛坯设计、加工方法选择、工序设计、工艺路线制定和工时定额计算等。其中，工序设计又可包含装夹设备选择或设计、加工余量分配、切削用量选择以及机床、刀具和夹具的选择、必要的工序图生成等。

（3）计算机辅助制造（CAM），是指计算机在产品制造方面有关应用的总称。CAM 有广义和狭义之分，广义 CAM 一般是指计算机辅助进行的从毛坯到产品制造过程中的间接和直接的所有活动，包括工艺准备、生产作业计划、物料作业计划的运行控制、生产控制、质量控制等；狭义 CAM 通常仅指数控程序的编制（又称数控零件程序设计）。

简单说来，CAD 就是用计算机绘制图纸来代替人工绘图，CAPP 就是用计算机进行生产计划来代替人工生产计划，CAM 就是用计算机预定机器运行轨迹来代替人工操作机器运行。近些年来，随着当代一些新技术的发展，特别是控制技术、计算机技术、人工智能及系统工程的发展，其内容不仅包括控制系统计算机辅助设计，还包括计算机辅助分析、辅助教学、科学研究和实际工程应用。概言之，计算机辅助工程（CAE）就是综合应用的集成。

（二）柔性制造（FM）

柔性制造（FM）是机械、微电子和计算机等高新技术的综合，它将物料流、能量流和信息流融为一体，因而具有对加工工件品种和批量变化的自动适应能力，即所谓"柔性"。

工业发展的历史表明要使生产能迅速适应产品更新、市场变化、投入广、运行快、产出多、多品种、小批量的要求，最佳途径是采用柔性制造。

柔性制造技术是对各种不同形状加工对象实现程序化柔性制造加工的各种技术的总和。柔性制造技术是技术密集型的技术群，凡是侧重于柔性，适应于多品种、中小批量（包括单件产品）的加工技术都属于柔性制造技术。柔性是相对于刚性而言的。传统的刚性自动化生产线主要实现单一品种的大批量生产，其优点是生产率很高，由于设备是固定的，所以设备利用率也很高，单件产品的成本低；但刚性的大批量制造业自动化生产线只适合生产少数几个品种的产品，难以应付多品种中小批量的生产。

随着社会进步和人民生活水平的提高，市场更加需要具有特色、符合顾客个人要求样式和功能千差万别的产品。传统的制造系统不能满足市场对多品种小批量产品的需求，这就使系统的柔性对系统的生存越来越重要。随着批量生产时代正逐渐被适应市场动态变化的生产所替换，一个制造自动化系统乃至一个企业的生存能力和竞争能力在很大程度上取决于它所具有的柔性，即它是否具备在很短的开发周期内，生产出较低成本、较高质量的不同品种产品的能力。柔性自动化已占有相当重要的位置。

柔性制造的主要特色是柔性。柔性可以表述为两个方面：第一方面是系统适应外部环境变化的能力，可用系统满足新产品要求的程度来衡量；第二方面是系统适应内部变化的能力，可用在有干扰（如机器出现故障）情况下，这时系统的生产率与无干扰情况下的生产率期望值之比来衡量柔性。柔性包括了机器、工艺、产品、维护、生产能力、扩展能力、运行能力的柔性等几个方面。

柔性制造技术按应用规模大小又可分为柔性制造单元（FMC）、柔性制造线（FML）、柔性制造系统（FMS）和柔性制造工厂（FMF）。其中，柔性制造系统是一个由计算机集成管理和控制的、用于高效率地制造中小批量多品种零部件的自动化制造系统。

（三）敏捷制造

1991 年美国 Iacocca 研究所主持的 21 世纪发展战略讨论会上，在一份历时半年形成的著名报告中提出了敏捷制造（AM）这一概念，它是在总结经济发展现状、展示未来基础上提出来的一种先进制造技术。应用这种先进制造技术的企业就称为敏捷制造企业。参加这次讨论会核心组的有美国 13 家大企业的行政首脑，而参加讨论的则有 100 多家企业及著名的咨询公司。

敏捷制造概念的提出者将敏捷制造定义为：能在不可预测的持续变化的竞争环境中使企业繁荣和成长，并具有对顾客需求的产品和服务驱动的市场作出迅速响应的能力。

前面已经提到，如何适应用户不断变化的要求，开发用户定制的个性化产品，在某种意义上来说，已是 21 世纪企业产品未来发展的方向。毫无疑问，技术的发展和市场的竞争中，危机与机遇并存：一方面随着技术发展速度的加快，人们对新产品不断增加的追求，将给企业提供空前的机遇；另一方面随着技术装备及工具软件的日新月异，开发周期越来越短，有同样加工能力的企业日益增多，竞争将更加激烈。竞争使得产品生产的批量越来越小，过去适宜大批量生产的刚性生产线，越来越不适应新的形势。企业将原有的刚性生产线改成柔性生产线，或者迅速将企业的组织及装备重组，以对市场变化作出敏捷的反应，源源不断地生产出用户所需求的个性化产品；而当一旦发现单独不能作出敏捷反应时，能够通过信息高速公路的工厂子网与其他企业进行合作，从组织跨专业的开发组到动态联合公司，来对机遇作出快速响应。这就是敏捷制造的理念。

敏捷制造企业具备以下特点：

（1）具有能抓住瞬息即逝的机遇，快速开发高性能、高可靠性及顾客可接受价格的新产品的能力。在这里，抓住机遇和快速开发是具有决定性意义的，因为失去了第一个投放市场，往往就意味着整个开发工作的失败。

（2）具有发展通过编程可重组的、模块化的加工单元的能力，以实现快速生产新产品及各种各样的变形产品，从而使生产小批量、高性能产品能达到大批量生产同样的效益，以期达到同一类产品的价格和生产批量无关。为此，要把目前的大规模生产线，改造成具有高度柔性、可重组的生产装备及相应的软件。

（3）具有按订单生产，以合适的价格满足顾客定制产品或顾客个性产品要求的能力。

（4）具有企业间动态合作的能力。这是因为产品越来越复杂，以至任何一个企业都不可能快速和经济的设计、开发和制造一个产品的全部。只有依靠企业间的合作才能将产品快速投放市场。

（5）具有持续创新的能力，创新是企业的灵魂，是一个企业具有竞争能力的体现。但创新是不可预见的，因此要创造一种企业文化，最大限度地调动员工的积极性，来控制创新的不可预见性，这是敏捷制造企业的一个重要标志。

（6）将具有创新能力和经验的员工看成是企业的主要财富，将对员工的培养和再教育作为企业的长期投资行为。

（7）和用户建立一种完全崭新的"战略"依存关系。企业不仅要保持售后产品的档案，提供周到的售后服务，保持在整个生命周期内用户对产品的信任，还要为用户提供适当费用的升级、升档服务和以旧换新服务等。用这样一种和用户相互依存的关系，来确保已有的市场，并在此基础上进一步扩大市场，这就是企业的销售战略。

敏捷制造提出的时间还很短，尚未形成一个公认的系统框架，但它将成为21世纪制造企业的新模式。敏捷制造企业较柔性制造、并行工程阶段的制造企业又有了进一步的提升，更强调企业结盟，即人们所说的系统集成。对企业内CIMS要有效地支持敏捷制造，必须发展一种高鲁棒性的集成技术，可以在不中断系统的情况下，修改软件系统；对企业外，发展建立在网络基础上的集成技术，包括异地组建动态联合公司、异地设计、异地制造等有关的集成技术，在信息高速公路中建立工厂子网，乃至全球企业网，作为系统集成的主要工具。

（四）仿生制造

模仿生物的组织结构和运行模式的制造系统与制造过程称为仿生制造（Bionic Manufacturing）。它通过模拟生物器官的自组织、自愈、自增长与自进化等功能，以迅速响应市场需求并保护自然环境。

制造过程与生命过程有很强的相似性。生物体能够通过诸如自我识别、自我发展、自我恢复和进化等功能使自己适应环境的变化来维持自己的生命并得以发展和完善。生物体的上述功能是通过传递两种生物信息来实现的：一种为DNA类型信息，即基因信息，它是通过代与代的继承和进化而先天得到的；另一种是BN类型信息，是个体在后天通过学习获得的信息。这两种生物信息协调统一使生物体能够适应复杂的和动态的生存环境。生物的细胞分裂、个体的发育和种群的繁殖，涉及遗传信息的复制、转录和解释等一系列复杂的过程，这个过程的实质在于按照生物的信息模型准确无误地复制出生物个体来。这与人类的制造过程中按数控程序加工零件或按产品模型制造产品非常相似。制造过程中的几乎每一个要素或概念都可以在生命现象中找到它的对应物。

就制造系统而言，目前已越来越趋向于大规模、复杂化、动态及高度非线性化。因此，在生命科学的基础研究成果中选取富含对工程技术有启发作用的内容，将这些研究成果同制造科学结合起来，建立新的制造模式和研究新的仿生加工方法，将为制造科学提供新的研究课题并丰富制造科学的内涵。此外，进行与仿生机械相关的生物力学原理研究，将昆虫运动仿生研究与微系统的研究相结合，并开发出新型智能仿生机械和结构，将在军事、生物医学工程和人工康复等方面有重要应用。

目前这方面的研究内容包括：

（1）自生长成形工艺，即在制造过程中模仿生物外形结构的生长过程，使零件结构最外层各处形状随其应力值与理想状态的差距作自适应伸缩直至满意状态为止；又如，将组织工程材料与快速成形制造相结合，制造生长单元的框架，在生长单元内部注入生长因子，使各生长单元并行生长，以解决与人体的相容性和与个体的适配性及快速生成的需求，实现人体器官的人工制造。

（2）仿生设计和仿生制造系统，即对先进制造系统采用生物比喻的方法进行研究，以解决先进制造系统中的一些关键技术问题。

（3）智能仿生机械。

（4）生物成形制造，如采用生物的方法制造微小复杂零件，开辟制造新工艺。

仿生制造为人类制造开辟了一个新的广阔领域。如果说制造过程的机械化、自动化延伸了人类的体力，智能化延伸了人类的智力，那么，仿生制造则是延伸了人类自身的组织结构和进化过程。

（五）智能制造

智能制造技术（IMT）源于人工智能的研究，它是 20 世纪 90 年代出现的制造技术新概念，强调"智能机器"和"自治控制"，是专家系统、模糊推理、神经网络等人工智能技术在制造中的综合。

近二十年来，随着产品性能的完善化及其结构的复杂化、精细化，以及功能的多样化，促使产品所包含的设计信息和工艺信息量猛增，随之生产线和生产设备内部的信息流量增加，制造过程和管理工作的信息量也必然剧增，因而促使制造技术发展的热点与前沿转向了提高制造系统对于爆炸性增长的制造信息处理的能力、效率及规模上。目前，先进的制造设备离开了信息的输入就无法运转，如柔性制造系统一旦被切断信息来源就会立刻停止工作。可以认为，制造系统正在由原先的能量驱动型转变为信息驱动型，这就要求制造系统不但要具备柔性，而且还要表现出智能，否则是难以处理如此大量而复杂的信息工作量的。此外，瞬息万变的市场需求和激烈竞争的复杂环境，也要求制造系统表现出更高的灵活、敏捷和智能。因此，智能制造越来越受到高度的重视。

智能制造系统（IMS）是智能制造技术在机械制造生产中的具体应用。它是一种由智能机器和人类专家共同组成的人机一体化系统，突出了在制造诸环节中，借助计算机模拟人类专家的智能活动，进行分析、判断、推理、构思和决策，取代或延伸制造环境中人的部分脑力劳动，同时收集、存储、完善、共享、继承和发展人类专家的制造智能。由于这种制造模式突出了知识在制造活动中的价值地位，而知识经济又是继工业经济后的主体经济形式，所以智能制造就成为影响未来经济发展过程的制造业的重要生产模式。虽然目前智能制造尚处于概念和实验阶段，但各国政府均将此列入国家发展计划，大力推动实施。这也是制造技术发展，特别是制造信息技术发展的必然，是自动化和集成技术向纵深发展的结果。

（六）虚拟制造

20世纪90年代以来，对市场的快速响应（交货期）在工业发达国家成为竞争的焦点，于是敏捷制造、智能制造、虚拟制造等新概念、新生产组织方式、新生产模式相继出现。企业的柔性和快速响应市场的能力成为竞争能力的主要标志，知识的创新和获取、信息的交流和技术的合作，将是21世纪市场竞争的热点问题。制造业的企业不仅追求技术创新，而且重视管理创新、组织创新、机制创新和生产模式创新，以此不断推进全球制造业的技术进步与发展。虚拟制造（Virtual Mamufacturing，VM）就是根据企业竞争的需求，在强调柔性和快速的前提下，于20世纪80年代被提出的，并随着计算机技术，特别是信息技术的迅速发展，在20世纪90年代得到人们的极大重视，获得迅速发展的。

虚拟现实技术（Virtual Reality Technology，VRT）是虚拟制造的关键技术，是在为改善人与计算机的交互方式、提高计算机可操作性中产生的，它是综合利用计算机图形系统、各种显示和控制等接口设备，在计算机上生成可交互的三维环境（称为虚拟环境）中提供沉浸感觉的技术。实现这种技术的系统就是虚拟现实系统（Virtual Reality System，VRS）。虚拟现实系统包括操作者、机器和人机接口三个基本要素。它不仅提高了人与计算机之间的和谐程度，也成为一种有力的仿真工具，既可以对真实世界进行动态模拟，又可以通过用户的交互输入，及时按输出修改虚拟环境，使人身临其境。

虚拟制造是一种新的制造技术，它以信息技术、仿真技术和虚拟现实技术为支持，可定义为是一个集成的、综合的可运行制造环境，用来提高各层的决策和控制水平。虚拟制造技术是在一个统一模型之下，对设计和制造等过程进行集成，将与产品制造相关的各种过程与技术集成在三维的、动态的仿真真实过程的实体数字模型之上的技术。其目的是在产品设计阶段，借助建模与仿真技术及时、并行地模拟出产品未来制造过程乃至产品全生命周期的各种活动对产品设计的影响，预测、检测、评价产品性能和产品的可制造性等。从而更加有效、经济、柔性地组织生产，增强决策与控制水平，有力地降低由于前期设计给后期制造带来的回溯更改次数，达到产品的开发周期和成本最小化、产品设计质量的最优化、生产效率的最大化。

一般来说，虚拟制造的研究都与特定的应用环境和对象相联系，既涉及与产品开发有关的工程活动，又包含与企业组织经营有关的活动。虚拟制造按照应用的不同要求而有不同的侧重点，因此出现了三个流派，即以设计为中心的虚拟制造、以生产为中心的虚拟制造和以控制为中心的虚拟制造。

虚拟制造技术的广泛应用将从根本上改变现行的制造模式，对相关行业也将产生巨大影响，可以说虚拟制造技术决定着企业的未来，也决定着制造业在竞争中能否立于不败之地。

（七）绿色制造

绿色制造GM是英文Green Manufacturing的缩写，又称环境意识制造（Environmentally Conscious Manufacturing，ECM）、面向环境制造（Manufacturing For Environment，MFE）等。绿色制造的相关研究可追溯到20世纪80年代，但比较系统地提出绿色制造的概念、内涵和主要内容的文献是美国制造工程师学会（SME）于1996年发表的关于绿色制造的专门蓝皮书《Green Manufacturing》。1998 年 SME 又在国际互联网上发表了绿色制造的发展趋势的主题报告，对绿色制造研究的重要性和有关问题又作了进一步的强调和介绍。

环境、资源、人口是当今人类社会面临的三大主要问题。特别是环境问题，其恶化程度与日俱增，正在对人类社会的生存与发展造成严重威胁。近年来的研究和实践使人们认识到环境问题绝非是孤立存在的，它与资源、人口两大问题有着根本性的内在联系。特别是资源问题，它不仅涉及人类世界有限的资源如何利用，而且又是产生环境问题的主要根源。于是，近年来，一个新的概念已经提出：最有效地利用资源和最低限度地产生废弃物，是当前世界上环境问题的治本之道。

制造业是将可用资源（包括能源）通过制造过程，转化为可供人们使用和利用的工业品或生活消费品的产业。它涉及国民经济的大量行业，如机械、电子、化工、食品、军工等。制造业在将制造资源转变为产品的制造过程中和产品的使用和处理过程中，同时产生废弃物（废弃物是制造资源中未被利用的部分，所以也称废弃资源），废弃物是制造业对环境污染的主要根源。由于制造业量大面广，因而对环境的总体影响很大。可以说，制造业一方面是创造人类财富的支柱产业，但同时又是当前环境污染的主要源头。

鉴于此，如何使制造业尽可能少地污染环境，成为当前制造科学面临解决的重大问题，于是产生了一个新的概念——绿色制造。

近年来绿色制造的研究非常活跃。由于绿色制造的提出和研究历史较短，其概念和内涵尚处于探索发展阶段，因而至今还没有统一的定义。一般将绿色制造定义为：绿色制造是一个综合考虑环境影响和资源效率的现代制造模式，其目标是使产品从设计、制造、包装、运输、使用到报废处理的整个产品生命周期中，对环境的影响（副作用）最小，资源效率最高，并使企业经济效益和社会效益协调优化。

绿色制造涉及的问题领域包括三部分：一是制造问题，包括产品生命周期全过程；二是环境影响问题；三是资源优化问题。绿色制造就是这三部分内容的交叉和集成。

绿色制造中的"制造"涉及产品整个生命周期，是一个"大制造"概念，同计算机集成制造、敏捷制造等概念中的"制造"相同。绿色制造体现了现代制造科学的"大制造、大过程、学科交叉"的特点。

近年来，围绕制造过程中的环境问题人们提出了许多与绿色制造相关或相类似的制造概念，绿色制造和环境意识制造等是同一层次的概念，而绿色设计、绿色工艺规划、清洁生产、绿色包装等是绿色制造的组成部分。

绿色制造现在已成为世界性的新产品设计潮流，因为这符合现代环境观。经绿色制造而生产的产品报废时，其组成部件可经整修后重复利用，从而形成该产品的封闭式循环。在废物处理费用越来越高的今天，从设计着手就让产品易于销毁已经变得同易于制造一样重要。绿色制造的全新设计概念已被人们普遍接受，西门子微波炉、施乐复印机、柯达照相机，就连个人计算机、激光打印机甚至各种电话机等，都可以在设计和制造时将易拆除的因素考虑在内。

地球上的矿产资源正在迅速枯竭，与此相对应的是环境在一天一天受到污染，无情的现实在告诫人们在考虑当前发展需要的同时，还应考虑未来发展的需要，发展应以不牺牲子孙后代的利益为前提。为此，近年来人们开始设计以保护环境为目的的产品，即绿色产品。

二、流程工业自动化

流程工业是指生产过程为连续生产（或较长一段时间为连续生产）的工业，包括了在国民经济中占有重要经济地位的石化、炼油、化工、冶金、电力、制药、建材、轻工、造纸、采矿、环保等工业行业。流程工业是一个非常巨大的产业，其发展状况直接影响国家经济基础，是国家的主要基础支柱产业。

与离散的制造业相比，流程工业具有以下特殊性：

（1）生产流程连续、前后关联，许多中间过程的物料不能直接作为产品，装置停车损失很大。

（2）生产装置复杂、加工能力很强，物料量很大。

（3）绝大部分的物料只用仪表进行测量或通过分析仪表间接获得，不能人工计量。

（4）一般流程加工过程都有燃烧过程和三废排放，如果处理不够将对环境造成污染。

（5）多数流程加工工厂除生产主产品以外，还附带生产辅助产品，如炼油装置炼出汽油、煤油、柴油等外还生产沥青；发电厂除了发电以外还产生大量蒸汽可以利用等。

由此可见，流程工业生产过程的自动化具有重要意义，但实现起来也相当困难。随着流程工业生产过程日趋大型化、连续化、高速度和高质量，实现对生产过程中工艺的操作控制、异常工况的监视及安全保护，必须依靠自动化系统。

（一）流程工业先进控制

自动化技术在流程工业中的应用由来已久，并在许多场合取得了很好的效果。但又由于流程工业一般规模庞大、结构复杂，且具有不确定性、非线性、强耦合性等特性，往往以产品质量和工艺要求为指标的控制，常规控制难以胜任。为满足安全、平稳、高效生产的需要，作为提高企业经济效益和增强竞争力的重要对策，先进控制与在线优化在流程工业综合优化控制中起着承上启下的重要作用。国外从 20 世纪 70 年代末就开始了先进控制技术的商品化软件的开发及应用，在 DCS（分散控制系统）的基础上实现优化控制和先进过程控制。在控制算法上，将控制理论研究的新成果（如多变量约束控制、各种预测控制、推断控制和估计、人工神经元网络控制和软测量技术等）应用于工业生产过程，取得了明显的经济效益和社会效益。

目前，我国流程工业先进控制的应用和发展现状如下：

（1）基于模型控制的理论体系已基本形成，出现了多约束模型预测控制的工程化软件包。

（2）专家控制系统：过程故障诊断，监督控制，检测仪表和控制回路有效性。

（3）神经网络：非线性过程的建模，软测量，控制系统的设计。

（4）模糊系统：模糊控制理论基础，表达不确定性知识。

（5）非线性控制：开发中，应用不多。

（6）鲁棒控制：是研究热点，但理论性太强，实际应用需做大量的改进和简化；使先进控制具备鲁棒性是重要的发展方向。

先进控制还包括内模控制、自适应控制、增益调整、解耦控制、时滞补偿等。

20 世纪 80 年代后期，随着计算机技术和网络技术的迅速发展，流程工业控制中出现了多学科间的相互渗透与交叉，信号处理技术、计算机技术、通信技术及计算机网络与自动控制技术的结合使过程控制开始突破自动化孤岛模式，出现了集控制、优化、调度、管理、经营于一体的综合自动化新模式。

（二）流程工业计算机集成制造系统

流程工业自动化技术的发展趋势是实现计算机集成制造系统（CIMS）。流程工业 CIMS 的设计不仅要考虑现有的组织机构和人员配置的特点，而且要考虑各种状态和行为因素的影响，从流程工业企业实际需求出发，抓住生产"瓶颈"，以经济效益为驱动，使其能够符合现代生产、管理、控制和技术等方面的需要，并不断推进流程工业 CIMS 工程的深入发展。

目前，流程工业综合自动化技术已在底层的过程控制系统的基础上，发展到生产、管理和经营的整体化，实现了过程控制系统、管理信息系统、办公自动化系统的有机结合，向企业综合自动化方向发展。

流程工业 CIMS 与离散工业 CIMS 的主要区别体现在如下几个方面。

（1）在生产计划方面。流程 CIMS 的生产计划可以从生产过程的任一具有明显工艺特征的环节开始，离散 CIMS 只能从生产过程的起点开始计划；流程 CIMS 采用过程结构和配方进行物料需求计划，离散 CIMS 采用物料清单进行物料需求计划；流程 CIMS 一般同时考虑生产能力和物料，离散 CIMS 必须先进行物料需求计划，后进行能力需求计划；离散 CIMS 的生产面向订单，依靠工作单传递信息，作业计划限定在一定时间范围之内，流程 CIMS 的生产主要面向库存，没有作业单的概念，作业计划中也没有可供调节的时间。

（2）在工程设计方面。流程 CIMS 中新产品开发过程不必与正常的生产管理、制造过程集成，可以不包括工程设计分系统；离散 CIMS 由于产品工艺结构复杂、更新周期短，新产品开发和正常的生产制造过程中都有大量的变形设计任务，需要进行复杂的结构设计、工程分析、精密绘图、数控编程等，工程设计分系统是其不可缺少的重要分系统之一。

（3）在调度管理方面。流程 CIMS 中要考虑产品配方、产品混合、物料平衡、污染防治等问题，需要进行主产品、副产品、协产品、废品、成品、半成品和回流物的管理，热蒸汽、冷冻水、压缩空气、水、电等动力能源辅助系统也应纳入 CIMS 的集成框架；离散 CIMS 则不必考虑这些问题。流程 CIMS 中生产过程的柔性是靠改变各装置间的物流分配和生产装置的工作点来实现的，必须由先进的在线优化、控制技术来保证；离散 CIMS 的生产柔性则是靠生产重组等技术来保证。流程 CIMS 的质量管理系统与生产过程自动化系统、过程监控系统紧密相关，产品检验以抽样方式为主，采用统计质量控制，产品检验与生产过程控制、管理系统严格集成、密切配合；离散 CIMS 的质量控制分系统则是其中相对独立的一部分。

（4）在信息处理方面。流程 CIMS 要求实时在线采集大量的生产过程数据、工艺质量数据、设备状态数据等，要及时处理大量的动态数据，保存许多历史数据，并以图表、图形的形式予以显示；而离散 CIMS 则相对较少。流程 CIMS 的工程数据库主要是体现生产过程状态的一些实时数据，如过程变量、设备状态、工艺参数等；离散 CIMS 的工程数据库则是主要以产品设计、制造、销售、维护整个生命周期中的数据为主，实时性要求不强。

（5）在安全可靠性方面。流程 CIMS 由于生产的连续性和大型化，保证生产的高效、安全、稳定运行，实现稳产、高产，才能获取最大的经济效益，因此安全可靠生产是流程工业的首要任务，必须实现全生产过程的动态监控，使其成为 CIMS 集成系统中不可缺少的一部分；离散 CIMS 处于相对安全的环境，这方面要求较低。

（6）在经营决策方面。流程 CIMS 主要通过稳产、高产、提高产品产量和质量、降低能耗和原料、减少污染来提高生产率，增加经济效益；离散 CIMS 则注重于通过设计、管理等的自动化、集成化、企业柔性化等途径，达到降低产品成本、缩短生产周期、提高产品质量、增加产品品种，满足多变的市场需求，提高生产效率。流程工业生产过程的资本投入较离散制造业大得多，因而流程 CIMS 需更注重生产过程中资金流的管理。

（7）在人的作用方面。流程 CIMS 由于生产的连续性，更强调基础自动化的重要性，生产加工过程自动化程度较高，人的作用主要是监视生产装置的运行、调节运行参数等，一般不需要直接参与加工；离散 CIMS 的生产加工方式不同，自动化程度相对较低，许多情况下需要人直接参与加工，因此两者在人力资源的管理方面有明显区别。

（8）在理论研究方面。离散 CIMS 经过多年的研究和应用，已形成较为完善的理论体系和规范；流程 CIMS 由于起步较晚，在体系结构、柔性生产、优化调度、集成模式和集成环境等方面都缺乏有效的理论指导，急需进行相关的理论研究。

目前，根据国内外综合自动化技术的发展趋势和网络技术的发展现状，流程工业综合自动化技术的总体结构可以分为三层结构，如图 5-1 所示。

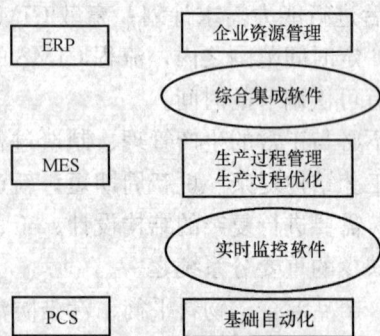

图 5-1　流程工业综合自动化技术的总体结构

（1）以 PCS（过程控制系统）为代表的基础自动化层。其主要内容包括先进控制软件、软测量技术、实时数据库技术、可靠性技术、数据融合与数据处理技术、集散控制系统（DCS）、现场控制系统（FCS）、多总线网络化控制系统、基于高速以太网和无线技术的现场控制设备、传感器技术、特种执行机构等。

（2）以 MES（生产过程制造执行系统）为代表的生产过程运行优化层。其包括先进建模与流程模拟技术（Advanced Modeling Technologies，AMT）、先进计划与调度技术（Advanced Planning and Scheduling，APS）、实时优化技术（Real-time Optimization，RTO）、故障诊断与健康维护技术、数据挖掘与数据校正技术、动态质量控制与管理技术、动态成本控制与管理技术等。

（3）以 ERP（企业资源管理）为代表的企业生产经营优化层。其主要内容包括企业资源管理（ERP）、供应链管理（SCM）、客户关系管理（CRM）、产品质量数据管理（PDM）、数据仓库技术、设备资源管理、企业电子商务平台等。

通过研究生产过程制造执行系统（MES）及其相关技术，可以实现在线成本的预测、控制和反馈校正，形成生产成本控制中心，保证生产过程的优化运行；可以实施生产全过程的优化调度、统一指挥，形成生产指挥中心，保证生产过程的优化控制；可以实现生产过程的质量跟踪、安全监控，形成质量管理体系和设备健康保障体系，保证生产过程的优化管理。

（三）流程工业自动化发展展望

流程工业自动化将呈现以下几个趋势，即功能综合化、专业化、分散化、集成化。

1. 功能综合化

流程行业自动化的一个非常明显的趋势是功能综合化，即自动化系统从企业整体出发逐层完成综合信息管理、车间控制、装置协调联合控制、辅助装置与设备的控制、能源监测与计量控制等，实现综合管理—控制一体化系统。

2. 专业化

专业化包括两方面的内容：一方面是用户需求导致应用系统的专业化，另一方面是制造厂家的专业化。

（1）应用系统的专业化。流程行业很多分支差异很大，如石化、冶金、建材、电力等流程均各具特色，而自动化综合程度和应用深度的提高，必然要求自动化系统的专业化。将来的自动化在硬件上越来越开放通用化，而在软件上一定有专业特色，才能更好地被用户接受。

（2）制造厂家专业化。随着微电子技术和信息技术的高速发展，自动化系统中对新技术采纳的速度会越来越快。除少数大的集团公司之外，大部分的厂家会因为有能力开发和制造一些独特的模块、部件、智能仪表或软件而取得很好的发展。

3. 分散化

尽管现场总线仪表组成的系统还没有真正地替代传统的 DCS，但是，现场总线的概念与技术却影响了整个自动化系统的结构和发展。在近期之内，世界上绝大多数的 DCS 厂家或工业自动化系统厂家将全部改变其以往系统的大板卡机笼结构，取而代之的是自己设计制造的或集成别人的 OEM I/O 模块产品。采用双冗余的以太网络嵌入式结构将工业 PC 机连接在一起实现操作、显示和管理，而用现场总线（甚至以太网）将分布在现场的 I/O 智能处理模块（包括微型 PLC 和智能仪表）连在一起来实现大型综合自动化系统，这已变成一种潮流和必然趋势。有人说未来的自动化系统不采用分散 I/O 将意味着死亡。

4. 集成化

开放化系统的发展和专业化厂商的增加，为自动化系统集成商提供了大量的可选设备。目前，人们开发一套自动化系统已经不像原来那样，任何东西都从头开发。

人们可以根据自己的技术基础和应用开发经验，选择设计整体系统，但主要的关键部件采用系统集成方式，采用现成的 OEM 产品。这种工作方式的优点是开发周期短、成功率高、投资少，而且技术水平跟进快。随着各种专业化 OEM 产品的普及，这种方式会成为主流。

甚至可以选择一套成熟的控制系统，将自己的主要工作集中在设计应用需求和合理选择上，并实现联调和现场调试。随着智能化仪表与分散模块的普及，各模块与仪表的连接将会变得复杂，因此，这种专业化的系统集成商将大有市场。

第二节 军事自动化

自动化技术在现代军事领域中的应用引起了各国军队的重要变革。自动化学科中的现代控制论、信息处理、模式识别、仿真技术、人工智能、机器人及系统工程等，已逐步成为现代军事技术的核心，并且正在向军事领域中的各个方面渗透，深刻地改变着现代战争的格局。军事自动化涉及的范围很广，当前主要有以下四个方面。

一、武器装备精确制导

武器装备的制导起源于第二次世界大战，当时德国首次将 V-1 和 V-2 导弹用于轰击英伦三岛。但因那时技术水平低，各种制导装置十分粗糙，性能差，命中率低。随着自动控制理论的发展，现代控制理论、图像识别技术、高速电子计算机、最优控制和自适应控制等的发展，导弹的制导系统发生质的飞跃。由于一枚精确制导的导弹（或炮弹）可以击毁价值超过本身成千上万倍的军事目标，因而精确制导技术已成为武器装备现代化的必然发展趋势。

精确制导技术正朝全导式多弹头、毫米波制导、激光制导、导航卫星定位、全程制导、复合制导、自适应控制、自学习控制等高级制导技术方向发展。

二、军队指挥自动化

核武器、精确制导武器的出现，极大地增强了武器的杀伤破坏力，并且使作战速度加快、作战范围扩展，战斗过程更为复杂多变，这使得传统的指挥方法无法驾驭部队。对此，必须从情报的收集、处理开始，直至通信传输、态势显示、事务处理、指挥控制等都实现自动化才能适应。而这些都必须以电子计算机的广泛使用为基础，所以军队指挥自动化是指挥员及其司令部采用电子计算机与通信网络以及其他各种自动化设备，运用科学的方法，按照现代战争的特点与方式，实施对所属部队的有效指挥与控制。这是现代战争对作战指挥提出的要求。目前，军队指挥自动化正向采用最新的自动控制和信息技术的"全盘自动化"方向发展。

三、作战、训练仿真模拟化

军事上的自动化的另一个重要领域是，在计算机实验条件下为评价战略战术、检验作战计划、考核后勤保障、训练军事人员等，提供作战、训练模拟技术。这实质是提供一个"作战实验室"。在模拟的可控作战条件下进行作战实验，可以对有关兵力和武器装备之间的复杂关系获得定量的深刻了解。现代作战模拟有许多分类，每一种类型都有一定的技术要求和应用场合。使用作战模拟已成为训练部队，提高作战能力的一种有效手段，可以为指挥员制定战略战术计划提供更精确的决策依据，提供更高级的预测能力，同时可大量节省经费和时间。

四、军事决策科学化

自动化技术在现代军事领域中的另一重要应用是军事决策的科学化。其主要任务是在战略概念的评估、战略力量的配置、兵力计划的制定、国际危机与区域稳定性、裁军谈判与军备控制、预测未来军事冲突、国防经济与科技潜力以及国防动员体制等方面，通过建立军用数据库、军事模型、军事专家系统等手段，来支持军事指挥官做出更加科学的决策。

此外，军事上的自动化还包括军用机器人、武器装备自动化、星球大战计划（SDI）、军事工业自动化以及后勤保障自动化等。

（一）精确制导武器

顾名思义，精确制导武器就是一种能"指哪打哪"命中率极高的武器。在军事历史上，第一次大规模使用精确制导武器的是 1982 年的英国和阿根廷的马岛之战。而在海湾战争和美国对伊拉克的轰炸中更是大量使用了最新的精确制导武器。这种武器是以微电子、计算机和光电转换技术为核心，以自动化技术为基础发展起来的高新技术武器，它是按一定规律控制武器的飞行方向、姿态、高度和速度，引导战斗部队准确攻击目标的各类武器的统称。通常精确制导武器包括精确制导的导弹、航空炸弹、炮弹、鱼雷、地雷、无人驾驶飞机、能自动寻找目标的滑翔炸弹等。武器的精确制导系统通常由测量装置和计算机、敏感装置、执行机构等部分组成，主要是依靠控制指令信息修正武器的飞行姿态，保证武器的稳定飞行，直至命中目标。由于精确制导武器的优异的特性，因此受到各国的广泛青睐。精确制导武器的原理如图 5-2 所示。

制导技术是一门使飞行器按照特定路线飞行，控制和导引武器系统对目标进行攻击的综合性技术。精确制导技术按照不同的导引方式可以分成自主式、寻的式、指令式、波束式、图像式和复合式等几种。比如说独立行动的自主式制导，是制导系统与目标、指挥站不发生任何联系的制导方式。导弹发射后，导弹上的制导系统不断测试导弹飞行和天体的、地形的关系位置，并将这些数据输入到导弹上的计算机中，与原来已经存储的

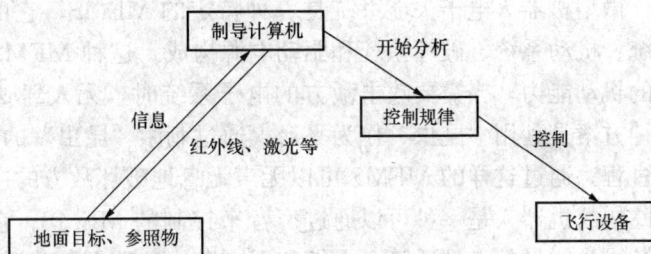

图 5 - 2　精确制导武器的原理

模型或者数据相比较，再将偏差转换为控制信号，这样就能使导弹飞往预定的目标。比较常见的"飞毛腿"导弹就是这样制导的导弹。其他的制导方式只是获得偏差的方法的不同，或者通过不同的控制率校正飞行的方向。不同的导引方式都有自己的长处和缺点，采用把不同的导引规律复合，在不同的情况下使用不同的规律，可以大大提高命中准确度。常用的复合方式有惯性制导加地形匹配方式、自主式加指令式制导方法等。

　　不同的制导武器使用不同的制导物理量，这些不同的物理量在导航中就展现出不同的特点。比如说红外线导航的作用，就是一种通过红外线位标器输出的信号与导弹上的基准信号比较来产生偏差信号，根据偏差信号驱动红外线位标器来继续跟踪目标，同时这个偏差信号经过处理并通过执行装置来控制导弹飞向目标。红外线的指导多用于被动寻的制导系统，也可以用于指令制导系统。当用于指令制导时，红外线位标器还要接收导弹辐射的红外线，跟踪导弹并提供导弹的运动参数。红外制导具有结构简单可靠、成本低、功耗少、隐蔽和质量轻等特点。但是，红外制导的目标必须与周围背景有比较大的热辐射反差，容易受到云、雾和太阳光等气象条件的限制。

　　除了利用红外线进行制导以外，还有无线电波制导、激光制导、雷达制导等方式。其中，激光制导是利用激光进行跟踪和导引物体的制导方法。由于激光的优越的性质，使得激光制导有很强的抗干扰性，测量准确度更好。但是激光制导也有不足之处，不能全天候使用，制导复杂度比较大。不同的制导方式各有优劣，在不同的条件下能够发挥自己的用途。

　　精确制导武器作为精确测量技术和精确控制技术在军事上的应用，虽然单个制导武器的成本较普通的武器昂贵，但是因为其命中率大大超过传统武器，使得作战成本下降，而且可以减少对其他目标的不必要损坏。因此精确制导武器成为每个国家军事投资的重点，在现代战争中发挥着越来越大的作用。

　　（二）未来战场上的微机电技术

　　微型机械小虫能够完成常人无法想象的任务，比如它能够进入对方的装置和设备中，导致对方的作战机器失灵，最终逼迫对方投降。这是微电机技术发展在战争中应用的结果。

　　微型机电系统（Micro - Electro - Mechanical System，MEMS）是指那些外形轮廓尺寸在毫米量级以下，构成元件是微米量级的可控制、可运动的微型机电装置。它是自微电子技术问世以来，人们不断追求高新技术微型化的必然结果。在 20 世纪 70 年代初人们就开始MEMS 的探索研究，直到 20 世纪 80 年代，这个领域才有了实质性的进展。MEMS 采用最新的纳米材料技术，使得电机的体积惊人地减小。这样的技术在军事上无疑将有很大的用处，主要应用在微型机器人电子失能系统、蚂蚁机器人、分布式战场微型传感器网络、有害化学战剂报警系统、微型敌我识别等方面。

微型机器人电子失能系统是一种特定的 MEMS，它由传感器系统、信息处理与自主导系统、机动系统、破坏系统和驱动电源构成。这种 MEMS 具有一定的自主能力，并拥有初步的机动能力，当需要攻击敌方的电子系统时，无人驾驶飞机就投放这些 MEMS。其中的一种方案是利用"昆虫"作为平台，通过刺激"昆虫"的神经来控制"昆虫"完成接近目标的过程。通过这样的 MEMS 可以无声无息地破坏敌方的主要目标，有相当的战略意义。

蚂蚁机器人是一种可以通过声音来控制的 MEMS。它的驱动能量来自于一个能把声音转换成为能量的微型话筒，人们利用它潜伏到敌方的关键设备中，当需要启动时，控制中心发出遥控信号，蚂蚁机器人就开始吞噬对方的关键设备。蚂蚁机器人的体积能做得非常小，能够在人的血管中进出自由，在民用方面也可以完成非常复杂和精细的医学手术。

分布式战场微型传感器网络是通过大量散播廉价的、可随意使用的微型传感器系统来完成对敌方系统更加严密的调查和监视。MEMS 本身体积非常小，无法被肉眼观察到，就是仪器也很难精确地测定其位置，所以就很难受到攻击，这样的系统组成一个庞大的网络，敌方的一举一动都能够非常清楚地了解到，这对战争的监视理论是一个新的发展。

特定的 MEMS 加上一个计算机芯片就能够构成一个袖珍质谱仪，可以在战场上检测化学制剂。一个这样的传感器系统只有一个纽扣般大小，能够最大限度地减少价格昂贵的触媒剂或者生物媒介的用量，还可以配备合适的解毒剂来扩展功能。在化学武器日益发达的未来战场，检测化学制剂的 MEMS 必将能够起到关键的预测、监控和预报作用。

微型敌我识别装置能够在纷繁杂乱的战场上，通过传感器和智能识别技术，判断出敌我目标，避免不必要的错误。与大量廉价的识别装置的共同使用，更加能够增加 MEMS 判断的可靠性。

综合上面所述，MEMS 之所以能够完成大量的功能，是因为它具有廉价、微小、智能化、可控性的特点。目前 MEMS 的技术还远远没有发展成熟，在未来的发展中，军事上的需求将是 MEMS 的一个主要的发展方向，也必然能在未来推动军事技术的不断发展，使人们向军事微观化迈出关键的一步。

（三）网络战争与病毒武器

与历史上所有的情形一样，人类社会的最新科学技术都应用在军事领域中，科学技术成为对战争胜负最有影响的重要因素之一。计算机网络技术和信息技术也首先应用在军事领域，并且已经成为一个非常重要的甚至是有决定意义的"战场"。

Internet 是一把锋利的双刃剑，控制论的创始人维纳曾经说过："技术的发展具有'为善和作恶'的两重性"。现在人们经常听说某个国家的重要部门被计算机黑客侵入，一些重要的机密被窃走。其实，早在 1979 年一名 15 岁的少年就运用他破解密码的特殊才能，成功地闯入了美国军方的"北美防空指挥中心"的计算机网络系统中，包括美国指向前苏联的全部核弹头的数据与资料等核心机密被一览无遗。类似以上的例子数不胜数，作为敌方瞩目的军事部门网络更是容易受到攻击。

为了对付上述的威胁和挑战，军事部门从机构、经费到演示、做法方面采用了一系列措施和对策。首先需要确定信息战的概念和理论。信息战被理解为不仅是更好地综合利用己方信息系统的手段，而且是有效地与潜在的敌人的信息系统对抗匹配的手段，一方面保证自己的系统不受到损坏，另一方面则设法利用、瘫痪和破坏敌方的信息系统，在这个过程中，取得和运用部队的信息优势。其次，在机构设置上也采用了相应的措施。各国军方都增加了类似于"计算机安全中心"、"安全测试中心"等专门对抗网络入侵的部门。军方也可能利用本国黑客的智慧来为国防服务，增强本国的军方计算机系统的安全性。

那么，在信息战场上还有什么更重要的武器吗？答案是计算机病毒。当计算机病毒应用在信息战场上，就成为最危险、最隐蔽、最有破坏力的武器之一。如某个国家受到战争威胁时，可以不必要出动大规模的海陆空武装部队，只是需要在室内使用鼠标、键盘和显示器来实施一场精心策划的信息战争，将计算机病毒送入敌人的电话交换网络枢纽中，造成电话系统的全面崩溃。然后用定时的"计算机逻辑炸弹"来摧毁敌人的铁路控制与部队调动电子信息指挥系统，造成运输失控。同时，再干扰敌人的无线电通信，使其完全丧失作战能力。再加上其他的一些方式诸如心理战、宣传战，就能够不费一枪一炮及时制止一场即将爆发的战争。在现代对计算机网络依赖十分严重的今天，计算机病毒的成功破坏对方的信息系统无疑为战争赢得了先机。

综上所述，信息战争和计算机病毒是未来战争的重要形式，也是敌我双方必须抢占的一个制高点。现在世界各国军方无一不认识到，信息技术是军事革命的核心，信息战是军事革命中最为突出的表现形式。不过任何事物都是两面的，不能认为信息战争和计算机病毒是万能的，它不能完全替代真正的作战部队；它们之间的关系是相辅相成而不是相互替代，只有合理地使用相应的作战形式才能更快、更好地取得战争的胜利。

（四）军用遥感技术

从字面意义上说，遥感就是从远处感觉事物，是不直接接触地收集关于某一对象的某种或某些特定的信息，就能了解这个对象的性质的技术。

很早以前，人们就希望从空中来观察地球，最初人们使用的是普通的照相机，后来发展成为专门的航空照相机。航空摄影的技术在第二次世界大战期间获得了长足的发展，基于这种照片的识别技术也相应提高。随着飞行器技术的提高，尤其是火箭和卫星的出现，遥感技术获得了一个全新的平台。现在，遥感技术日新月异，成为在国民经济建设中不可缺少的一种重要技术，尤其在军事方面的应用也很广泛。

遥感中收集到的信息，就是物体发射或者被物体反射的电磁波。这些电磁波包括近紫外、红外线、可见光、微波等。收集电磁波信息的装置叫做传感器。装载传感器的地方，称为平台。遥感就是用装在平台上的传感器来收集（测定）由对象辐射或（和）反射来的电磁波，再通过对这些数据进行分析和处理，获得对象信息的技术，如图5-3所示。遥感技术的迅速发展，一个重要的因素是人类越来越需要深刻地了解我们的家园——地球，为了我们的今天和未来了解它的资源，了解它的变化，预测出它的未来。

遥感中可以使用可见光和近红外区的电磁波进行遥感，利用遥感对象的反射特性。这种方式是从航空摄影发展而来的，也是最为广泛应用的一种，如在月球上观察地球就是采用的这种方式。另外还有两类技术也在遥感中被广泛应用。一是使用热红外和热成像技术。热成像是与远距离测量地球表面特征的温度有关的遥感分支，主要是利用了物体的辐射特性。它所研究的问题小到可以探测一间屋子的热能量泄漏，大到可以研究地球表面的洋流。因为温度实质是地球环境中一切物理、化学和生物过程的重要控制因素之一，因此，温度数据在经营管理地球资源的活动中必然占有极其重要的地位。二是利用微波遥感器进行遥感。微波遥感分为被动式和主动式。主动式的微波遥感器主要是侧视雷达，它是在20世纪50年代从军事侦察中发展而来的，目前的重要应用是用于快速取得大片有云地区的地面资源情报数据。

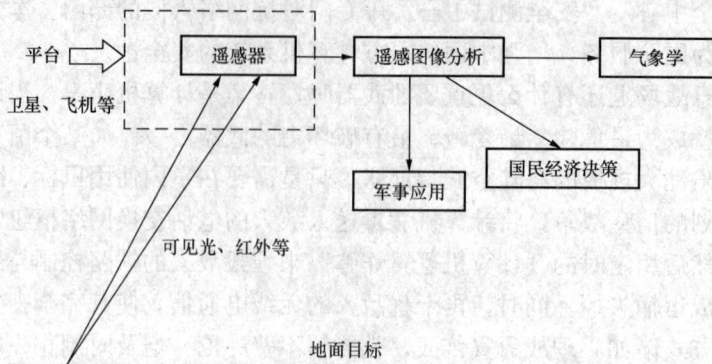

图 5-3　遥感的原理

被动式微波遥感器感受的是它们视场内的自然可利用的微波能量，其工作方式和热辐射计或热扫描仪非常相似，但是能够接收到的信号比热红外区微弱得多，同时信号所伴随的噪声也大得多。因此这种信号的判释要比其他各种遥感器困难得多，但其与侧视雷达一样具有全天候的特性。通过选择适合的工作波长，可以用信号来穿透大气，或者观察大气。通常来说，微波遥感常用在大气的各项数据的测量上，此外在海洋学、油污探测、融雪测定等方面都有应用。

遥感在军事上的用途大致有三种。一是对目标国家和地区的资源状况的监视。通过有效地监视资源及其变化，可以帮助确定战略的目标；二是监视对方军事部署和大规模的军事移动。许多军事部署的位置信息可以通过高准确度的卫星遥感获得，大规模的军事移动也容易在遥感器上留下痕迹，这些都对及时采取相应措施提供了快速而有效的信息；三是在具体的作战当中，遥感可以分析局部的地形、资源状况，从而帮助己方进行战术行动的方案判断。各种军用卫星的发射，也为全方位地监视目标提供了基础。

现代战争是数字化的战争，信息在战争中是至关重要的，遥感作为一项能够大范围、高准确度、快速获得信息的技术，必然能够获得更多的应用。

（五）信息战争

在今天，人们进入了信息时代，信息技术使得国家的组织方式和结构组成发生了重大的变化，改变了人类的生产和生活方式，国民经济也因为得到了信息技术的优化而展现出了前所未有的前景。同样，信息技术也给军队的战斗力带来了极大地提高，促使现代战争空前复杂和激烈，引起了军事力量结构的重大变化。军事信息革命实现了"总体作战能力"的综合。

当前，武器装备已经进入了以信息主导型为核心的高技术兵器的发展阶段。各种高新技术是促进这种发展的强大推动力，而发挥作用最大、渗透性最强、应用范围最广的是集传媒、计算机、网络、通信技术之大成的各种信息系统。一些武器装备一旦采用了现代信息技术成果，其作战效能立即提高几十倍甚至上百倍。上面提到的一个很直观的例子，就是精确制导武器，这种武器虽然单个造价很高，但是命中率大大超过传统的炸弹。在攻击一个目标的时候，精确制导的炸弹能够用很小的投弹量解决战斗，也避免了战机的延误，实际上是减少了战斗的成本。

现在的信息战争，主要包括几个战场，如电磁战场、制空权的争夺、制海权的争夺、陆地战场、计算机网络的破坏与反破坏等。比如说，为了获得电磁战场的主动权，就要拥有强大的电磁武器和电磁干扰武器。这些武器的主要目的是用来扰乱对方的信息传输、为己方的信息传输铺平道路。因为在现代战争中，没有通畅的信息传输会导致整个系统的瘫痪。军用通信卫星、无线传输网络、战场军用电话网络等这些设备如果不能正常地进行运转，整个军队就无法知道前进的方向，攻击性武器也不能知道确切的目标在哪里。这一切都说明了信息的获得和传输的重要性。可以看出信息技术使得战争的深度和广度发生了重大的变化，如图5-4所示。在战争的策划上，系统论、控制论、信息论和计算机技术都大量应用，使得运筹帷幄的过程也充满了信息。一句话，没有了信息，现代战争是无法取得胜利的。

　　在海湾战争之后，全球范围内掀起了一场"信息高速公路"浪潮，它不仅给世界经济和人类生活带来很大的影响，同时也触发了一场关于"军事信息革命"的大辩论，引起世人极大的关注。世界各国纷纷就技术对未来军队的发展与影响开展了广泛而深入的研究，有的国家还针对这种发展趋势率先制定了对策和发展计划，以期能够抢占军事技术的制高点，使本国在未来战争中能够赢得先机。

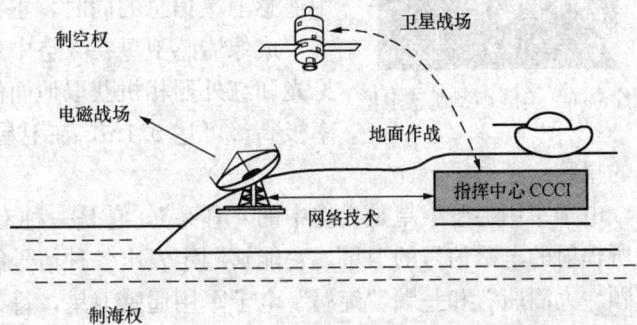

图 5-4　现代战场的深度

　　1991年的海湾战争标志着新型战争方式的出现，下一代军队的作战核心将是信息战理论，打赢信息战是建设21世纪军队的出发点和归宿点。

　　未来的世界是信息的世界，未来的战争更是信息的战争。加快信息化的进程，抢占信息战争的制高点应该是我们当前国防建设的主要任务，也是迫在眉睫的。

　　（六）卫星在战争中的应用

　　在众多的人造卫星中，军用卫星堪称是一支重要的生力军。军用卫星种类繁多，按其功能主要分为信息传输和信息获取两大类。信息传输主要依靠军事通信卫星，信息获取主要依靠军用遥感卫星。图5-5所示为英国天网遥感卫星。图5-6为美国小型遥感卫星。

　　卫星是现代战争的"制高点"，军用遥感卫星常被人们称为间谍卫星。当前在美俄两个军事强国的军用卫星中，这种卫星约占60%以上。它是利用光电遥感器、无线电接收机或雷达等侦察设备，从太空轨道上对目标实施侦察、监视或跟踪，以搜集地面、海洋或空中目标的军事情报的人造地球卫星。侦察设备搜集到的目标辐射、反射或发射出的电磁波信号，要么用胶卷、磁带等记录存储于返回舱内，在地面回收；要么用无线电传输方式实时或延时传到地面接收站。对收到的信号进行处理后，即可得到有价值的军事情报。

　　军用遥感卫星的主要用途是侦察，与传统的侦察方式相比，卫星侦察的突出优点是侦察视点高、范围广、速度快，不

图 5-5　英国天网遥感卫星

图 5-6　美国小型遥感卫星

受国界和地理条件的限制，能取得其他侦察手段难以获得的情报，对本国政治、军事、经济和外交都有重要意义。

军用遥感卫星在海湾战争和北约对南联盟战争中的突出表现，进一步表明军用遥感卫星在现代战争中的重要地位。许多国家从中看到了空间的军事价值，纷纷准备或加紧发展军事航天技术与系统，其中军用遥感卫星是各国优先或重点发展的项目。截至 20 世纪末，世界上拥有军用遥感卫星的国家主要有美国、俄罗斯、法国等。日本、印度、以色列、韩国在获取和利用美国军用遥感卫星信息的同时，正在自主研制成像遥感系统。

成像遥感卫星在太空中用"眼睛"查看，它依靠卫星上的可见光和红外照相机获取地面信息。各谱段中，可见光成像的分辨率极高，可达 0.1m，在卫星上能看清地面汽车的牌照、军官肩上的星牌。

电子军用遥感卫星是太空中的"耳朵"，它是一种专门用于侦察雷达、通信和遥感等系统所辐射的电磁信号的卫星，它能够测定发出各种信号的地理位置。在海湾战争期间，美国两颗"大酒瓶"和一颗"旋涡"电子军用遥感卫星，每天飞临海湾，获取了伊拉克的大量通信电子情报。

海洋监视卫星是专门用于监视海洋中的舰船和水下潜艇活动的卫星，能有效地探测和鉴别海上舰船，确定其位置、航向和速度，监听和截获舰船发出的电子辐射信号。美国现用海洋监视卫星主要是"白帆"和"快船"卫星，到目前为止，美国和俄罗斯共发射了上百颗海洋监视卫星。

弹道导弹预警卫星，主要用于监视敌方弹道导弹，对弹道导弹突袭进行预警，以便采取必要的防御和对抗措施。

20 世纪 60 年代初美国国防部为监视和掌握在大气层和外层空间进行核试验的情况，曾研制了名为"监督者"的核爆炸探测卫星。该卫星载有红外、紫外、X 射线等多种探测器，可以探测世界各国进行核试验的情况。

商业卫星则是成像侦察的另一只"眼睛"。目前，许多商业卫星已达到相当高的监测能力，可为军控监测所用。

（七）C3I 自动化系统

C3I 系统就是指挥自动化技术系统，是用电子计算机将指挥、控制、通信和情报各分系统紧密连在一起的综合系统。因为指挥（command）、控制（control）、通信（communication）的英文第一个字母都是 C 和情报（intelligence）的第一个英文字母是 I，所以西方国家又把它简称为 C3I 系统。这个系统也就是军队自动化指挥系统。该系统产生于 20 世纪 70 年代，是一个以计算机为核心的，集收集情报、传递信息、指挥决策与战术控制为一体的高效作战指挥系统。我们知道，现代高技术战争使战争称为陆、海、空立体战争，C3I 系统则是军队的神经中枢，它与电子战装备、精密制导武器一起构成了克敌制胜的三大法宝。

C3I 系统主要由侦察探测系统、通信系统、指挥系统和战术控制系统等四个部分组成。侦察探测系统借助于卫星等高技术手段，探测和跟踪监视敌方飞机、导弹和军队，为国家军事指挥机构提供所需要的准确情报。通信系统凭借数字化技术，建立一个上至国家最高军事指挥机构下至基层作战组织的通信网络，使战场上的联络、调动、指挥简单易行、快捷准确。指挥决策系统是一种自动处理信息系统，能够快速将搜集到的情报分类、比较、判定，并制定出作战方案，为指挥机构提供高效率的参谋服务。战术控制系统以前三个系统为依托，能在极短的时间内使有关的力量进入战备状态，并将部队部署到一个特定的区域，使决策指挥与作战几乎同步。

对于一个国家来说，应用 C3I 系统会使各兵种与武器系统之间的作战协同更加完善、周密，使部队的行动节奏和反应能力大幅度提高，使武器装备的打击能力更为强大，从而在整体上有效地提高了国家军事力量水平。以美国全球战略的 C3I 系统为例，一旦有国家发射洲际导弹，它的预警卫星系统能在 60～90s 内探测到，并在 3～5min 之内判断是否对自己构成威胁；如果判定威胁存在，其指挥决策系统将迅速制定作战方案并进行作战模拟，并可以在 1min 内使所有的武器力量进入战备状态。

经过 20 多年的研究和发展，目前 C3I 系统已经被广泛运用，并且显示出极大的威力。比较著名的是在海湾战争中 C3I 系统的广泛应用。展望未来，新型 C3I 系统将向着进一步提高生存能力的方向发展，以自动化系统为核心的现代高技术武器装备，在现代战争中起到越来越重要的作用，使得战争更复杂多变，并且导致军事理论、部队编制和作战方法都发生巨大的变化。

在现代战争中高新技术战场体现在高技术的电磁战场、高技术的导弹战场这几方面。高技术战斗图解如图 5-7 所示。

高技术的透明战，是指卫星在战争中的应用使得战场变得更加透明。现代的战争是空地一体、海地一体的立体化战争，是分布在从太空、高空、中空、低空和超低空到地面直至水下的广大范围中的作战。通过侦察卫星和其他的侦察手段搜集到大量的关于战场的信息，为战场指挥官掌握战局变化、夺取战争主动权提供了有效的手段。另

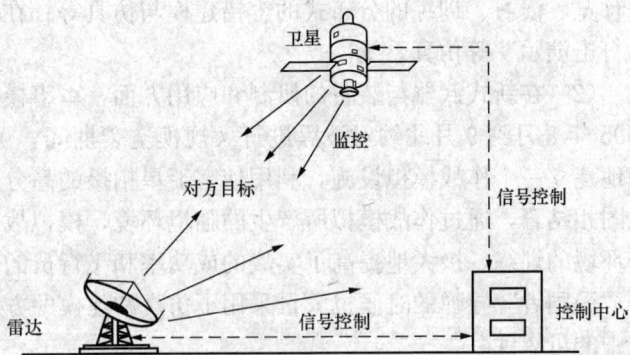

图 5-7　高技术战争图解

外，各种通信卫星也同时起到了通信枢纽的作用；通过全球定位系统（GPS）可以有效地确定我方人员的位置，提供快捷的定位或者其他措施。所以，卫星已经成为现代战争中的情报保障与控制的主要手段之一，没有它们，现代战争难以顺利进行。军用卫星使得战争成为"透明玻璃"，拥有卫星就拥有了战争的主动权。

高技术的电磁战场，首先包括夺取电磁频谱的控制权，如果没有了电磁战场的控制权，就无法进行正常的信号传送；其次，运用电子战达成战役战术上的突然性。海湾战争一触即发时，美军为了达成战役和战术的突然性，达到首战必胜的目的，在开战前的 5 小时就对伊拉克进行了强大的电磁干扰，使得伊方的通信系统全部瘫痪。这样美军在首战中轻松取得胜利，体现出了电子战的强大威力。另外，电磁战是夺取战争主动权的重要支柱，通信系统一旦被破坏，就失去了战争的主动权。

高技术的导弹战场，是最容易看到的一种，它使用有形的导弹来攻击对手，已经成为现代战争的最有力的攻击武器之一。现代的导弹种类繁多、功能强大、有不同的载体（如空载、舰载、地面车载等）、攻击目标繁多（如对空、对地等），伴随着其他技术的应用，特别是精确制导技术的广泛应用，导弹已经具有更大的杀伤力、更小的消耗。另外，在卫星和电磁设备的配合下，导弹攻击的成功率也有了大幅度的提高。

（八）军事模拟和仿真技术

所谓军事模拟和仿真，就是在军事方面应用系统论的观点，利用数学建模等多种建模方法进行建模，然后利用仿真的技术进行模拟战局、战略、战术的方法。在实践中，军事模拟对于军事作战的指挥有着很大的指导作用。参见图 5-8，其应用范围包括以下几方面。

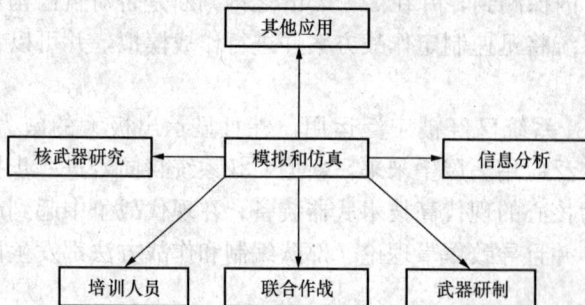

图 5-8　模拟和仿真的应用

（1）在联合作战能力方面，军事模拟能够发挥出很大的作用。在这方面，建模和仿真是最重要的，而且是最基本的，尤其是通过先期的技术演示验证和先期概念技术演示验证把技术迅速转化成为联合作战的能力。所以凡是被选来进行实验验证的项目，几乎都采用建模和仿真的技术。比如，在信息优势方面，采用诸如两军作战方案的实时分析建模和仿真，用于任务预览、演习、训练的分布式的容错建模与仿真等；在精确打击方面，则可以使用"联合精确打击演示"等仿真系统。

（2）在新式武器与装备的研制和应用方面，军事模拟也可以得到很大的效益。比如，在 1995 年 8 月到 9 月北约对波黑进行大规模空袭期间，美国国防部测绘局曾在意大利的空军基地建立一个作战模拟设施，利用侦察卫星拍摄的高分辨率图像与测绘局提供的波黑的数字地图相结合，通过作战模拟所产生的临境环境，模拟战斗机在波黑上空的飞行。经过这个仿真环境的训练，极大地提高了实战的成功率和飞行员的适应性。又比如美国陆军在推出著名的"爱国者"导弹的时候也大量采用了仿真和建模的方法，其结果大大提高了这种导弹在实战中的可靠性。

（3）在作战训练与人才培养等方面，军事模拟也是非常有用的，主要体现在以下几个方面：首先是彻底检查部队的训练战略，更新传统的训练观念；其次是研讨发展趋势；另外还有在过去成功的作战模拟系统的基础上，继续向一体化的、联合作战的模拟系统发展；包含更多的作战模拟设施的作战演习。以检查部队的训练为例，现代化的科学技术已经允许军队以一种过去完全想象不到的方式来培训战术、战役和战略军官了。这种方法就是虚拟战场的方法。如美国陆军已经在其军官高级教程中开设了模拟沉浸的训练课程。类似这样的课程可以培训面向 21 世纪战争的作战部队。

此外，仿真和建模方法也可以应用在核武器使用上，应用在信息作战中去。总之，利用军事建模与仿真技术来开发新技术，并努力使其转化为经济上能够承受的、决定性的军事能力，正是当前国际上"质量建军"的重要方向之一。

第三节　建筑自动化

一、智能大厦

1984 年 1 月，美国康涅狄格（Connecticut）州哈特福特（Hartford）市，一幢被改造的旧金融大厦，定名为"都市办公大楼"，这就是公认的世界上第一幢"智能大厦"。

近几年来，智能大厦在各地已悄然兴起，智能大厦内涵如何，具备什么条件才算是智能大厦，众说纷纭，莫衷一是。美国智能型办公楼学会最近给出其定义为：将四个基本要素——结构、系统、服务、运营以及相互间的联系达成最佳组合，确保生产性、效率性及适应性的大楼。国内近年来也出现了所谓"3A 大厦"、"5A 大厦"的说法。所谓"3A 大厦"是指一座楼宇建筑具有楼宇自动化（BA）、通信自动化（CA）和办公自动化（OA）系统功能者。所谓"5A 大厦"则是除具有上述 3A 功能外，将火灾报警及自动灭火系统独立出来，形成消防自动化系统（FA），同时又将面向整个楼宇的管理自动化系统独立出来称之为信息管理自动化系统（MA），合称为"5A"。对于后加的两"A"，又有人认为是指防火自动化（FA）和保安自动化（SA）。综合观之，对智能大厦的一般概念通常为：为提高楼宇的使用合理性与效率，配置有合适的建筑环境系统与楼宇自动化系统、办公自动化与管理信息系统以及先进的通信系统，并通过结构化综合布线系统集成为智能化系统的大楼。

关于智能大厦，社会上有一种通俗说法，即将大楼内各种各样的控制设备、通信设备、管理系统、消防系统、给排水系统等装置的信息，用同一种线缆接入中央控制室，大楼的住户可根据需要在所在办公地点添置各种各样的设备并连接于所在场所预先设置的接线装置，这些设备可随意摆放或变换位置，一旦位置确定后，大楼管理人员只需在中央控制室进行相应点及相应设备之间的简单跳线即可使这些设备进入大楼的布线系统，实施控制和管理功能。实际上这种概念并不完整，只是形象地勾画出智能大厦结构化综合布线系统的概貌。

一般讲智能大厦除具有传统大厦建筑功能外，通常要具备以下基本构成要素：

（1）舒适的工作环境；

（2）高效率的管理信息系统和办公自动化系统；

（3）先进的计算机网络和远距离通信网络；

（4）具有多种监控功能的楼宇自动化系统。

智能大厦是多学科、多技术的系统综合集成产物。智能大厦的表现形式是传统建筑技术和先进的信息技术（计算机技术、自动化技术、网络与通信技术等交叉技术）相结合的产物。

通常智能大厦可分解为两大部分，即传统建筑工程完成的建筑结构和设施，以及由智能建筑设计师设计的"智能建筑系统（Intelligent Building System，IBS）"。而智能建筑系统又包含楼宇自动化系统（BAS）、办公自动化（OA）与管理信息系统（MIS）、通信与网络系统（COM），一般称之为智能大厦组成三要素，所谓智能大厦实际主要指这一部分而言。也可以说，智能大厦是在一般建筑的基础上，引入了可实现智能化功能的若干设施，组成智能建筑系统，以使建筑楼宇可以实现智能化服务。

智能大厦的类型主要有以下三种基本形式：

（1）专用办公楼型智能大厦；

（2）出租型写字楼式智能大厦；

（3）综合型智能大厦，既包括上述两种类型的综合，也包括集工作、生活、娱乐、购物于一体的多种功能的智能大厦。

智能大厦作为计算机技术、自动化技术、网络与通信技术等信息技术综合集成的产物，是未来信息社会一个典型"细胞"的雏形，必将率先与国际性的信息高速公路接轨，理所当然会成为首批信息高速公路的应用者与实际受益者。智能大厦正成为建筑行业和信息技术产业共同关心的快速发展的新领域，其中自动化技术必将起到举足轻重的作用。

二、楼宇自动化系统

由于智能大厦内部有大量而分散的电力、照明、空调、给排水、电梯和自动扶梯、防火等设备，需要通过各子系统实施测量、监视和自动控制，各子系统间可互通信息，也可独立工作，各子系统再由中央控制机实施最优化控制与管理，目的是提高整个大厦系统运行的安全可靠，节省人力、物力和能源，降低设备的运转费用，随时掌握设备状态及运行时间、能量的消耗及变化等。因此，分散控制系统（DCS）或现场总线控制系统（FCS）是实现楼宇自动化的首选设备。

智能大厦楼宇自动化系统包括下列子系统：

（1）楼宇机电设备监控系统；

（2）保安系统；

（3）消防报警系统；

（4）广播音响系统；

（5）停车场管理系统。

消防报警系统可分为消防报警与消防灭火两大部分。广播音响系统在平时可以用作播放一些背景音乐，在遇到紧急情况下，如发现火警信号时，可以启动该系统播送紧急广播。

停车场管理系统对一个智能大厦来说是必须要有的，通常它可分为车辆入场管理和车辆出场管理两个子系统。

楼宇机电设备监控涉及的对象包括：

（1）空调系统；

（2）给水排水系统；

（3）供配电系统；

（4）照明与动力系统；

（5）电梯管理系统。

保安系统关系到大厦内人员、设备的安全，包括下列子系统：

（1）防盗报警系统；

（2）闭路电视监视系统；

（3）巡更管理系统。

智能大厦系统设计的首要任务是对各子系统功能的划分和规划，要保证系统具有完整而又先进的功能，为实现智能大厦的通信自动化、办公自动化以及信息处理自动化打下良好的基础。

智能大厦楼宇自动化系统（BAS）是建立在微计算机技术基础上采用最先进的现代通信技术的分布式集散控制系统，它允许实时地对各子系统设备的运行进行自动的监控。

BAS 网络结构可分为三层：最上层为信息域的干线；第二层为控制域的干线，即完成集散控制的分站总线，其作用是以不小于 9600baud 的通信速度把各分站连接起来，在分站总线上还必须设有与其他厂商设备连接的接口，以便实现与其他设备的联网；第三层为子站总线，它是由分散的微型控制器相互连接使用，子站总线通过子站连接与分站总线连接。

BAS 系统结构由以下四部分组成：

（1）中央控制站；

（2）区域控制器；

（3）现场设备；

（4）通信网络。

三、通信网络系统

智能大厦的通信网络 COM 是以数字程控交换机（PABX）为核心，以语音信号为主，兼有数据信号、传真、图像资料传输的通信网络。该通信网络不仅要保证大厦内的语音、数据、图像的传输，且要与外界的通信网络如电话网、用户电报网、传真网、公用数据网、卫星通信网、无线电话网及多种计算机网络相通，达到与国内外各种场所互通信息、查询资料，实现信息资料共享。智能大厦的信息基础设施，是结构化综合布线系统（SCS），它包括建筑与建筑群综合布线系统（PDS）、智能大厦布线系统（IBS）和工业布线系统（IDS）。IBS 是在 PDS 基础上发展起来的，采用模块化方法，使语音、数据、BAS 的测控信号进行系统集成，彻底改变了过去按项目纵向布线、互不兼容的做法，使得设备增减、工位变动，通过跳线简单插拔即可实现，而不必变动布线本身，大大方便了布线系统的管理、使用和维护。

智能大厦的"3A"或"5A"功能是通过大厦内计算机网络系统将众多的子系统集成的，所有这些独立的或相互交叉的子系统均置于楼宇控制中心，都需构筑在计算机网络及通信的平台上。

智能大厦的计算机网络总体结构如图 5-9 所示。其主要由主干网（Backbone）、楼内的局域网（LANs）和与外界的通信联网三部分组成。

主干网根据需要覆盖智能大厦楼群中的一个大楼内的各楼层。楼内的中心主机、服务器、各楼层的局域网以及其他共享的办公设备通过主干网互联，构成智能大厦的计算机网络系统。智能大厦的主干网是一高速网，用以保证满足大厦各种业务需要而进行的高速信息传输和交换，一般其传输速率要求达到 100Mbit/s。高可靠性也是对主干网的一项基本要求，主干网的链路设计要有冗余并且设备要有容错能力。具有灵活性和可扩充性是对主干网的又一基本要求，能支持多种网络协议。因此，对智能大厦的主干网的要求可归结为：高传输速率，一定的覆盖范围、高可靠性、灵活支持多种网络协议、根据需求可以随时扩充配制新的网络。目前能构成高速主干网的网络技术主要有快速以太网、FDDI、ATM 等。

楼层局域网分布在一个或几个楼层内。一般局域网采用总线以太网（Ethernet）和环型令牌网（Token Ring）为主。以粗同轴电缆、细同轴电缆或无屏蔽双绞线，甚至光纤作为传输介质。有时可在一个楼层内配置一个或几个局域网网段，或几个楼层配置一个局域网。这些不同的局域网或网段可以通过路由器或集线器连接起来。随着需求和技术的发展，交换

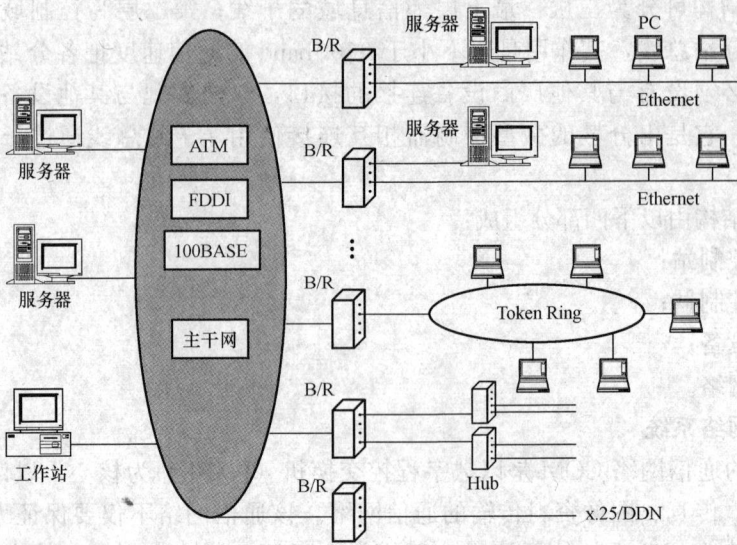

图 5-9　智能大厦计算机网络总体结构图

式虚拟网络将会更适合在智能大厦中配置。

　　智能大厦与外界的通信和联网主要借助于邮电部门公用通信网。目前主要可利用的公用通信网有 x.25 公用分组交换网（PSDN）、数字数据网（DDN）和电话网。如有需要和可能，也可利用卫星通信网或建立微波通信网。

　　四、办公自动化与管理信息系统

　　迄今为止，办公自动化（OA）已成为非常活跃的一个领域，尤其近几年，国内外相继出现的大型办公楼、银行、航空站、高级宾馆、港口等智能建筑，更加需要并刺激着办公自动化的发展。

　　首先，办公自动化系统是一个人机系统。办公自动化系统综合了人、机器、信息资源三者的关系。在这三者中，信息是被加工的对象，机器是加工的手段，人是加工过程的指挥者和成果的享用者。在办公自动化系统中，尽管机器设备是重要因素，但人及人的素质才是决定性因素。

　　其次，办公自动化是多种技术和先进设备的综合。办公自动化的主要技术和设备有计算机技术、通信技术及其他相关设备。

　　第三，办公自动化是多种学科的综合。办公自动化不仅仅是先进技术和设备的简单集合，它还涉及行为科学、系统科学、管理科学、社会学和人机工程学等一系列学科，因此，办公自动化可以说是一个边缘学科。

　　综上所述，在智能大厦的三要素中，楼宇自动化系统是基础；通信网络系统是核心，是大厦的中枢神经；办公自动化和管理信息系统则是使智能大厦取得效率和发展的必要手段，三要素缺一不可。智能大厦在追求高技术的应用而赋予建筑物智能，靠它给建筑物增添了高附加价值，达到节能、安全、经济等预期目标，同时也在追求着创造宜人工作、生活的舒适环境。随着全球社会信息化与经济国际化的深入发展，智能大厦已成为各国综合经济国力的具体表征，是各大跨国企业集团国际竞争实力的形象标志，也是未来信息高速公路网站的一个主节点。

第四节　交通运输自动化

一、无人驾驶技术

（一）智能汽车

随着卫星的导航系统（GPS）的广泛应用，人们开始开发无需驾驶员的智能型汽车。利用GPS系统，只要将想要去的地点输入其中，就可以随时掌握汽车处于什么位置，知道走哪条路可以最快地到达目的地。汽车在行驶中能够自动转向刹车和换挡，因此无需驾驶员，乘车人可以随心所欲地谈话、读书、工作、娱乐，车内成为一个充满乐趣的生活空间。

开发这种汽车的关键技术有以下两个。

（1）要研制能正确选择车道、感应障碍物、自动避免冲撞的技术。例如德、法等国研制的自动智能巡航控制（ATCC）系统，就是这样一种装置，它可以用来选择最佳行车路线，防止与前面的车辆靠得太近，在能见度很差的情况下可以安全地行驶。这种装置能自动控制本车相对于其他车辆的速度。通过传感器在不断地测量前面车辆的速度，并据此调节加速器，确定合理车速。车上的红外激光不断地扫描车前的道路，寻找障碍物，同时将所获数据在汽车的挡风玻璃上显示出来；遇有危险情况时，可以自动降低车速或紧急刹车，处理时间为300ms。

（2）必须铺设专用道路。这种道路的灵魂和核心是各种信息设备和传输技术，它通常由监测器、数据搜集器、中心计算机、电子显示牌和闪光灯等构成。监测器设置在公路两旁或上方，汽车驶过时它会把车流信息通知路旁的数据搜集器，进而传至中心计算机，由中心计算机自动调节红绿灯时间，使车辆的停留时间减至最小。同时，路旁的电子显示牌会显示交通堵塞的程度、范围以及其他交通情况；或启动闪光灯，提醒乘车人收听当地交通情况广播，以便采取相应的措施。

实现汽车的无人驾驶，离不开社会的高度信息化。未来的智能汽车上装有多功能电话、高清晰度电视机、传真机和导航系统等，同外部联系的通信机能很强。有的车上还装有联机终端和电视电话，可以在车上参加公司召开的会议，也可以一边在各个疗养地旅游休假一边完成工作。这样，汽车就不单是连接两地的交通工具，而成为一架移动的信息机器或移动的办公室。

（二）自动化列车

自动化技术在交通领域的另一个主要阵地，即为在列车控制方面的应用。自20世纪80年代中期起，快速信号处理技术（如微型计算机、传感器和无线电通信技术）等，就已冲击了传统的铁路信号传输领域。此外，对列车控制也提出了新的要求，经过众多的信号传输系统工程师的努力，一种新的发展趋势已逐渐形成。

列车信号装置在长期的使用过程中不断改进，已具有可靠的性能。虽然如此，目前正在推广的新型列车控制系统，采用不同的方法对传统的装置进行改进。其目标是：

（1）降低成本。希望通过改变列车控制系统的结构，使运输能力主要由车辆的数量控制，而不受路边信号装置功能和布置的影响，尽可能地减少道边信号装置。

（2）提高性能。近年来，许多国家为了运行高速列车，对改进信号传输系统的要求随之提高。希望不是改建大量道边信号装置而是采用新的控制系统来实现。

（3）增强功能。为提高服务质量，就必须对出发地至目的地直达车提出更多要求，由此可能带来的问题将通过新型列车控制系统来解决。

（4）高安全性。开发一种可用于不同线路上的具有相同结构的新型列车控制系统，系统的设计、安装及操作等各个步骤就可实现统一，从而可带来诸如降低成本、防止出错等许多有效的结果。

先进的高速列车如图 5-10 所示。

图 5-10　先进的高速列车

能够满足上述要求的控制系统的一般结构方式和实现方法有以下几种方案：

（1）地面系统向列车发出指令，包括列车允许到达的地点及通过限速；车上控制系统根据地面系统的指令、列车制动特性及线路坡度，计算出安全行车速度曲线，并将列车的运行速度控制在该曲线限定范围以内。

（2）信号信息可显示在司机室操纵台上，从而可以取消道边信号装置。

（3）地面控制系统根据车上系统测量、以无线电发送的列车位置信号对每列车进行跟踪，并根据列车位置数据和前方线路状态，对列车进行指令控制。

（4）地面及车上系统的逻辑运算及控制，均采用微型计算机进行集中处理。

（5）无线电通信系统采用通用元器件及标准模型结构。

展望未来，列车控制系统的发展进程中将沿着上述几种方案进行，它们的目标是完全一致的，即增强现有列车控制系统的功能，并使其具有独立性。正如汽车和飞机有多种发动机位置和牵引方式一样，铁路部门也可以有多种列车控制系统，既要成本低，又要可靠性高，还要结构灵活简单，以利于将来的发展。

（三）无人驾驶飞机

自动化在飞机驾驶中的应用是在人类飞上蓝天后，又一个重大的科技进步。无人驾驶飞机是一种以无线电遥控或由自身程序控制为主的不载人飞机。它是高科技技术的集中载体，主要应用于现代战争。它的研制成功和在战场的运用，揭开了以远距离攻击型智能化武器、信息化武器为主导的"非接触性战争"的新篇章。

与载人飞机相比，无人驾驶飞机具有体积小、造价低、使用方便、对作战环境要求低、战场生存能力较强等优点，它具有准确、高效和灵便的侦察、干扰、欺骗、搜索、校射及在非正规条件下作战等多种作战能力，在战争中发挥着显著的作用，并引发了层出不穷的军事学术、装备技术等相关问题的研究。它将与正在研究中的武库舰、无人驾驶坦克、机器人士兵、计算机病毒武器等，一起成为 21 世纪陆战、海战、空战、天战舞台上的重要角色，对未来的军事斗争将生产较为深远的影响。一些专家预言：未来的空战，将是具有隐身特性的无人驾驶飞行器与防空武器之间的作战。目前无人驾驶飞机的作战应用还只局限于高空电子及照相侦察等有限技术，并未完全发挥出应有的巨大战场影响力和战斗力。无人驾驶飞机外形图如图5-11所示。

无人机和战斗机的结合，构成了一种全新的武器系统——无人驾驶战斗机，具有准确的攻击能力。近年来，随着制导技术日臻成熟，可重复使用的无人驾驶飞机的控制水平也日益提高。有人将反辐射导弹的技术移植到无人机上，研制出了反辐射无人机，成为一种对地面雷达极具威胁的新式武器。

图5-11　无人驾驶飞机外形图

美国国防部高级研究项目局在1999年1月进行了一系列针对翼展60cm、重200g小型无人机的试验，并获得了成功。目前，该局在其空中飞行器计划中又推出了12种大小只有152mm的袖珍型无人飞行器的预研方案，其中4种的研制工作已正式启动。另外，仅有一美元纸钞大小的遥控战斗机已经问世，机上装有超敏锐感应器，可"闻"出柴油发动机排出的废气，一旦被它发现，就会紧追不放，且可以拍摄夜间红外照片，将敌动态和坐标传到200km外的基地，引导导弹精确命中目标。其执行任务时不用担心敌方雷达系统，适合全天候全时程作战。

为了满足提高作战效益和执行各种任务的需要，一种有人和无人两用型战斗机也将随着无人驾驶飞机技术的日益成熟而在未来的空战中出场。它具有两个可以相互独立工作的飞机操作平台，既可以与普通飞机一样由飞行员操纵飞行，也可以由基地指挥中心直接遥控飞行或预置飞行程序自身控制飞行。两用型战斗机的优点是在执行某项任务中，当飞行员伤亡或出于其他原因对飞机操作失灵，或是需要暂时脱离飞行操作工作以完成其他任务时，飞机的遥控指挥系统只要未被破坏，仍可以顺利完成任务安全返回。

可见，在未来战争中，品类众多、功能各异的无人驾驶飞机将发挥主要作用。随着航空工艺、材料和技术的不断进步，无人驾驶飞机在未来的20年间将会真正崛起，成为自动化技术舞台上一颗耀眼的明星。

二、自动化公路

自动化公路是交通自动化的先导和基础，也是现代工业国家的生命线。在许多国家，交通阻塞造成的时间耽搁、燃油浪费，以及毫无必要的废气排放，都给社会造成了很大的损失。自动化公路是扩大公路交通能力的最经济的途径。

自动化公路系统是辟出一条车道或一组车道，来让装有专门设备的小汽车、卡车和公共汽车等在计算机的控制下结队行驶，通过一个小型计算机网络（这些小型计算机安装在汽车内以及某些路段的路边）来协调车流，从而增大车流量，提高公路的运输能力。自动化公路交通所需的新技术大部分集中在汽车中，一个前视传感器或一个摄像机用于探测前方的危险障碍物和其他车辆以及车道边界，这些设备与计算机相连，由计算机迅速处理得到的图像，然后操纵汽车转向、刹车，使车辆保持适当的速度和姿态。每辆汽车上都载有数字无线电设备，用于车上的计算机同附近的其他车辆的通信，也可用于同监控公路的监视计算机的通信，使驾车者得知有关汽车运行情况的信息。

现代化公路监控系统如图5-12所示。

一条典型的高速公路车道每小时可通过约2000辆汽车，而一条配备特殊装置后可自动

图 5-12　现代化公路监控系统

引导车流的车道，每小时将能通过约 6000 辆汽车。由于不需要修建新的公路和拓宽现有的公路，节省下来的费用来支付汽车自动行驶所需的复杂电子设备的费用绰绰有余。研究和发展自动化高速公路已是迫在眉睫的问题，相信在不远的将来自动化公路会有长足的发展。

三、无人搬运车系统

无人搬运车系统（AGVS）是当今柔性制造系统（FMS）和自动化仓储系统中物流运输的有效手段。无人搬运车系统的核心设备是无人搬运车（AGV）。作为一种无人驾驶工业搬运车辆，AGV 在 20 世纪 50 年代便得到了应用。AGV 一般用蓄电池作为动力，载重量从几千克到上百吨，工作场地可以是办公室、车间，也可以是港口、码头。现代的 AGV 都是由计算机控制的，车上装有微处理器。多数的 AGVS 配有系统集中控制与管理计算机，用于对 AGV 的作业过程进行优化，发出搬运指令，跟踪传送中的构件以及控制 AGV 的路线。

无人搬运车的引导方式主要有电磁感应引导、激光引导和磁铁陀螺引导等，其中以激光引导方式发展较快，但电磁感应引导和磁铁陀螺引导方式占有较大比例。电磁感应引导是利用低频引导电缆形成的电磁场及电磁传感装置引导无人搬运车运行。

图 5-13　Swisslog 生产的 AGV

Swisslog 生产的 AGV 搬运车如图 5-13 所示。

第五节　信息自动化

一、企业信息化

企业信息化是国民经济和社会信息化的基础之一，是企业技术进步的重要内容，是企业增长方式转变的重要手段。

企业信息化的目的有三个：①提高效率和效益，节省人力，节约材料，进而达到降低成本的目的；②提高产品质量、产品精度，改进产品性能；③加快产品开发和生产周期，提高市场占有率。企业信息化与自动化的内涵是相通的、融合的，企业信息化即生产过程自动化与管理信息化的一体化。首先，从企业信息化的内容看，它应是包含生产过程自动化在内。因为企业信息化内容有生产系统的信息化、营销系统的信息化、管理系统的信息化等。其中生产系统的信息化首要的指生产过程控制，即对生产数据的采集、传输、处理、实施监测、控制。当然有连续生产和非连续（离散）生产的控制，也就是通常称为生产自动化的那部分工作。其次，从管理信息化的发展要求看，任何一个企业的管理都分为操作层、管理层与决策层三个层次。信息技术服务于管理要求而应用于上述三个层次。最近几年信息技术的迅速发展，因特网、内联网、外联网等的出现，将管理信息系统推向了新的阶段。在这样的背景下，它更需要作为底层基础的过程控制自动化技术的进展与之相配套。再次，从自控技术本身的发展看，自控技术越来越与新的微电子技术、网络技术、通信技术密不可分，尤其是被称为"跨世纪的自控新技术"——现场总线技术更是如此。现场总线是综合运用微处理技术、网络技术、通信技术和自动控制技术的产物。它将微处理器置入传统的测量控制仪表，使它们各自具有了数字计算和数字通信能力，成为能独立承担某些控制、通信任务的网络节点。这样，以现场总线为纽带，将原来分散的测控设备和仪表连接成可以相互沟通信息、共同完成自控任务的网络系统与控制系统。所以，从信息化的角度看，现场总线使自控系统与设备加入信息网络的行列，成为企业信息网络的底层，使企业信息沟通的覆盖范围一直延伸到了生产现场。由以上分析可以得到如下认识：随着信息技术对各行各业日益广泛和深入的渗透，生产过程自动化与管理信息化两者的界限正趋于模糊，而"融合"则越来越多。这种趋势不但表现在硬件上，更表现在软件上。出现这种趋势是必然的，因为，就实质而言，生产过程的控制就是生产过程中信息的处理和加工，以及其结果的反馈实施。随着数字化的发展和计算机通信技术在生产过程中扮演着越来越重要的角色，生产过程自动化的核心问题正在演变为生产过程的信息化问题。开放系统具备的特征是标准化、可移植性、可伸缩性和可操作性。现场总线技术的兴起，改变了控制系统的结构，使其走向网络化的发展道路，因而产生了控制网，由于它位于网络结构的底层，所以称为底层网。

　　控制网络与信息网络的集成，为企业信息化或企业综合自动化（Computer Integrated Plant Automation，CIPA）创造了有利条件。从宏观上看，在人类历史上，工业自动化已经及正在经历的几个阶段是：以人力操作为特征的劳动密集型工业阶段；以单机设备自动化为主导的设备密集型工业阶段；以信息处理为核心的信息密集型工业阶段；以基于知识的自动化处理（知识管理）为核心的知识密集型工业阶段。随着因特网的迅速发展和用户的急剧增加，因特网已成为全球最大的信息中心，人类最丰富的知识资源宝库。在企业信息化与自动化紧密结合的同时，二者相互渗透、相互补充，会有更大的发展。

二、"三金"工程

　　面对各发达国家竞相建设"信息高速公路"的战略，面对信息产业的迅速崛起，跟上世界潮流，建设我国的信息国道，从而使我国的信息产业跃上一个新的台阶，是进一步发展中的紧迫又现实的任务。从各国的"信息高速公路"计划可以看到，他们是在现有的基础上加以充实和发展，赋予更先进、更高速、更有效的全新的硬环境及相应的软配套。目前我国最重要的信息产业计划是从1993年开始启动的国家重大电子信息工程——"三金"工程，它包括"金桥"、"金卡"、"金关"三大工程。

　　"金桥"工程，即国家公用经济信息网络工程。该工程是以卫星、通信电缆、光缆、微波等多种传输手段，实现全国性的和跨国的计算机联网，建立起国家公用信息平台，为国家对国民经济进行宏观统计和调控，为国民经济各部门和国民生活各方面的信息交换和共享提供一条"准高速国道"。该工程将把大部分中心城市以及3000～5000家大中企业连接起来，为各级领导及有关部门及时、准确、可靠地提供国家有关经济信息和国民经济的数据，对于提高我国宏观经济调控、决策水平和信息共享有非常重要的意义。

"金卡"工程，即金融电子化工程。推行"信用卡"，包括银行清算系统、联网信息系统和柜台业务系统以及个人的信用卡和储蓄卡。在三亿城市人口中推广普及信用卡，可以大大减少货币发行量和流通量，减少货币在个人或单位的滞留量，提高资金利用率，简化货币支付手续，使资金利用率和周转速度大大提高。这样，现在资金流通过程中出现的许多问题，如资金体外循环和偷税漏税都可防止，并能大大提高国家金融机构对资金的宏观调控能力。随着这一工程的实施，全国的大型商业企业将全面实行计算机管理，各零售商店普遍使用电子收款机，在商业物流环节全面推行条码管理。在联通和完善全国金融业务信息网的基础上，在全国各大中城市广泛实现持卡金融交易，从而使资金周转速度和利用率提高3～4倍。全国税收管理信息系统将使35个中心城市、420个大中城市、1200个县城的三亿人口实现凭卡纳税和结税。

"金关"工程，即国家对外经济贸易信息网工程。通过计算机网络对整个国家的"物流"实施高效管理，即通过海关、经贸、金融、外汇管理和税务等部门联网，使海关进出口贸易结汇和退税计算机化，利用信息开展准确核查，以减少损失。目标是采用电子数据交换方式实现国际上目前已普遍采用的无纸贸易。

"三金"工程是我国信息基础设施建设的重大工程，是对我国现有信息基础设施的重要升级和改造。它的实现不但将大大加强我国与国际信息技术发展的接轨，还将对国内生产方式和人民生活方式的许多领域产生深刻影响，我国国民经济信息化的比重也将有明显提高。因此"三金"工程是一件功在当代、造福子孙的大事。

第六节　家庭自动化

自动化技术其实离我们每个人并不远。如果在生活中仔细观察，就会发现自动化技术就在人们身边，从家用电器到水电仪表，到处都有它的身影。正是有了自动化技术，人们的生活才会更加方便、舒适。

自动化在各行各业，各个领域都发挥了其巨大的作用，同时也走入了我们的家庭。随着电子技术的发展，家庭自动化时代的来临，消费电子产品（Consumer Electronics）已与资讯（Computer）、通信（Communication）两项产品的技术结合在一起，成为目前所通称的3C产品，并使家用电子电器产品迈向家庭自动化（Home Automation）的方向。

家庭自动化是指利用微处理电子技术，来集成或控制家中的电子电器产品或系统，如照明灯、咖啡炉、计算机设备、保安系统、暖气及冷气系统、视讯及音响系统等，如图5-14所示。家庭自动化系统主要是以一个中央微处理机（CPU）接收来自相关电子电器产品的信息（外界环境因素的变化，如太阳初升或西落等所造成的光线变化等）后，再以既定的程序发送适当的信息给其他电子电器产品。中央微处理机必须透过许多界面来控制家中的电器产品，这些界面可以是键盘，也可以是触摸式荧幕、按钮、计算机、电话机、遥控器等；消费者可发送信号至中央微处理机，或接收来自中央微处理机的信号。

家庭自动化的用途极广，例如当一个人在冬天时从外面归来，只要靠近房子，感应器因为侦测到人体移动而发出的信号，会自动打开门前的照明灯，并启动家中的暖气系统；又如早上7点起床，家中的电子时钟发出信号，让咖啡炉自动煮咖啡，卧室的窗帘自动打开，镭射音响自动演奏优美的旋律等。这一切生活中的自动化在美国某些家庭已经成为现实。

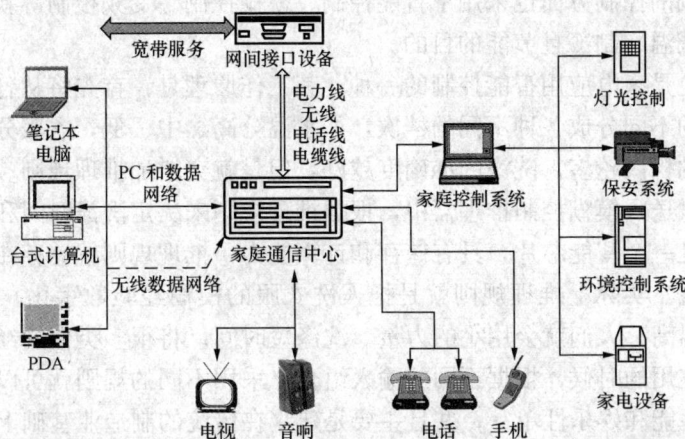

图 5-14　家庭自动化网络系统

信息家电产品的市场已被多数家电厂商所看好。据了解，目前全国家电市场的规模约在 2000 亿左右，并以每年 5%～10% 的速度增长。这其中除少数小家电产品不能作为网络终端外，其他多数大家电产品如冰箱、洗衣机、微波炉、联网电视、影碟机等都能实现上网。而据有关机构预测，在未来 5～10 年内，信息家电产品市场规模将达到 1 万亿美元以上，这给家电产业带来了巨大商机。

信息家电产品除了在传统家电产品开发上增加功能外，新型信息家电更具潜力，如网络机顶盒、无线 PDA、视频游戏机等，都是信息家电自动化的开发机遇，将会有广阔的市场空间。

在家里办公，是家庭自动化的另一个发展趋势。在家里通过计算机系统和通信系统就可以掌握现场情况和有关资料，并控制指挥生产过程，或完成某些工作任务。在家里办公，能够大大地减少社会设施，还可以提高工作效率。

电饭煲、电炒锅、电煎锅、电烤箱、电磁炉、微波炉等都是厨房自动化设备。随着自动化技术向生活各方面的渗透，厨房的电器化和自动化，不仅给人们生活带来了方便，也大大提高了生活质量。

随着网络技术的发展，家用电器（包括厨房电器）也可以带联网功能，这样家里的电器都连到互联网上，就可以在一台计算机或控制器上进行管理，还可以在办公室或其他地方远程控制它们，比如回家之前打开微波炉热杯咖啡，这样厨房才算真正实现了自动化。

"机器人厨师"的出现，可以为人们分担烧饭做菜的辛劳，并将改变人类烹饪及家居的方式。一个以计算机控制的"机器人厨师"将取代传统的天然气、电炉，只要放入一张张的食谱记忆卡片，这个"厨师"就可以精确地自动烹调出一道道各式菜肴。目前市面上带计算机设计的电锅、烤面包机、发面机等都只算是"低科技产品"，且只拥有单一功能。而"机器人厨师"则是一件非常精密的厨房高科技产品。它的主要组成部分是一个计算机微处理器、一个小的变速机箱、一个记忆箱、一个记忆卡及一只锅。使用时，把所有切好的食物材料，装入上面的分隔器中，将食谱记忆卡插入，计算机就可以根据卡中指示，在适当的时候将食物放入，适时的翻炒或翻面，甚至什么时候将食物放入、加什么佐料均由计算机控制。

只需几分钟，"机器人厨师"就已炒好了一道可口的"计算机菜"。

现在，在空调的控制方面也采用了智能控制、模糊控制、变频控制等新技术。采用这些新技术可以达到调温、制冷且节能的目的。

模糊洗衣机也是家电应用智能控制的一种，其工作原理是：首先将从各种传感器中得到的数据按照数值的不同分成各种不同的档次，如水温分高、中、低，衣服分少、一般、多等档次，数据所分的档次越多，洗涤的准确度越好，但是就会增加推理规则；然后把这些不同的档次作为输入量送入模糊控制推理器中，根据推理规则来决定洗涤时间和水流强度。模糊控制推理器一般是一个智能芯片，具有储存和计算能力，推理规则就储存在这个芯片中。怎样确定推理规则呢？实际上推理规则就是把人洗衣服的模糊经验数字化。例如洗涤化纤衣服，负载小且水温高，人们就会用小的力量，洗涤短时间。将很多类似的经验规则化，就形成了推理规则，在用的时候，根据不同的输入组合，采用不同的规则就可以了。

传统的玩具性能和娱乐性单一，并且主要是建立在传统的制造业基础上的，机械和设计是它最主要的技术含量。现在随着人们对娱乐要求的提高，智能玩具已经在市场上占据了很大的份额，其结构、机械、电子等智能含义越加明显。这类技术性玩具突破了传统玩具概念的局限，将幼教产品、科普产品、娱乐产品吸纳进卖场，极大丰富了玩具的内涵。事实上，玩具已不仅仅是与人们的童年时代相伴的阶段性产品，而是以不同的形式与人们的一生相联系。玩具已不单是儿童的专利，社会大众多元化的参与是智能玩具发展的必然趋势。智能玩具集高科技性、教育性和娱乐性于一体。

第七节　其他领域自动化

一、农业自动化

近些年来，自动化技术被大量用于农业和农业机械领域，智能化仪器、设备和机器的采用给农业生产带来崭新的局面，电子技术和计算机技术的迅速发展推动了农业机器向智能化方向的发展。虽然，自动化农业比机械化农业前进了一大步，但不能做到在人完全不干预的情况下，使农业生产各环节达到最优。因为农业生产过程涉及的因素具有多样性和复杂性，单靠简单的传感和控制系统无法加以解决。如果机器能够根据作物的状况和其他相关因素来决定如何进行某项作业，该机器就应具有对多种信息快速处理及推理分析与决策的能力，也就是说机器是智能化的。广泛采用了智能技术之后，农业生产中主要决策和作业均由智能化机器或系统来完成，这样的阶段可称为农业生产的智能化阶段。大型自动化联合收割机如图5-15所示。

图 5-15　大型自动化联合收割机

20世纪80年代以来，有关农业的智能化技术研究不断增多，但大都处在研究阶段。其中研究和应用得最多的是机器（计算机）视觉和图像处理系统。此外，神经网络系统、决策支持系统也已在农业生产方面得到了应用。智能化技术使传统机械无法作业的项目实现了机械化。例如，在许多国家蘑菇生产的集约化程度虽很高，但人工采摘蘑菇效率低，且分类的质量不易得到保证，从而制约了生产效率和经济效益的提高。因此，研制了具有计算机视觉系统的蘑菇采摘机器人，使蘑菇生产从苗床管理到收获分类实现了全过程自动化。又如，为了降低收获樱桃西红柿的成本，日本研制了用于收获樱桃西红柿的机器人，为确定果实的位置，采用了双目立体成像技术，成功率约为70%。其他研究像如何利用机器识别作物形状、大小分布等的也很多，智能化技术使农业机械的工作更加符合农艺要求。智能化技术研究使农业机动机器人有了重大的技术突破。为了解决农业劳动力尤其是技术劳动力缺乏的问题，人们将希望寄托在农业机动机器人上，所以对车辆的自行导向问题开展了大量的研究。农业机动机器人构建的困难主要在于控制系统和定位系统。在各种车辆引导方式中，应该说利用路径周围环境图像识别自动引导是最好的方式，但目前应用起来尚有一定难度。农业生产和农场的管理是智能化技术在农业上应用的又一重要领域。许多学者还对神经网络技术在农业生产中的应用做了很多工作，如采用输入最高气温、最低气温、光周期、种植天数或开花天数的方法来预测大豆的开花期或生理成熟期，运用最优控制和神经网络技术对花生灌溉问题进行了研究，还运用模拟的方法进行花生农场农机选择的研究。

总体来看，智能化技术在农业上的应用尚处于起步阶段。虽然个别领域已有较为成套的设备或系统的研究和应用，但大部分研究尚处于为智能化做准备或打基础的阶段，如各种传感元件的研究，各种信息的收集、分析、处理方法的研究，以及各种模型和决策系统的研究等。智能化、自动化技术在农业上将有更为广阔的应用前景。

二、医学自动化

医学自动化是自动化领域又一个重要的应用。

生化自动分析仪是利用自动化技术、光学、电子学和计算机科学，把临床化学分析过程中的取样、加样、分配试剂、混合、加温以及分析过程的监控和数据处理、输出等一系列程序加以自动化的仪器。1953年美国L. Skeggs首次介绍了一种自动化分析仪器（autoanalyzer）。20世纪60年代中期出现了分立式自动分析仪并向多通道发展，20世纪70年代后迅速进入推广、普及阶段。随着新的技术革命高潮中电子工程、计算机科学的迅速发展，自动分析仪出现了性能上的飞跃，此后不到二十年时间里其发展速度令人惊讶。图5-16所示为全自动生化分析仪外形图。未来生化自动分析仪将进一步向高效、智能化、系统化的方向发展，其技术支撑仍是计算机的开发与应用，可使全实验室自动化，可把临床化学、免疫学、血液学分析仪及尿液分析仪通过自动传送带连接成一个大的流水线系统，在其前端和后端各有一台处理装置和一台样品收纳装置，整个系统和计算机相连，可进行样品分配、运输、分析过程的监控及数据处理，并输出（打印）和存储。

图5-16　全自动生化分析仪外形图

由于全自动生化分析仪测量速度快、准确性高、消耗试剂量小，现已在各级医院、防疫站、计划生育服务站得到广泛使用。其与其他仪器配合使用可大大提高常规生化检验的效率及收益。虽然酶法分析为生化自动分析仪的应用创造了条件，反之生化自动分析仪的普及也推动了酶法分析的进一步发展。二者的结合改变了过去生化化学中长期占主流的传统化学分析方法，使实验室工作者摆脱了与强酸、强碱和火焰相伴的手工操作。免疫学测定中浓度分析的迅速发展也使得一些传统的新兴的免疫学检验项目有可能用于生化自动分析仪，与过去手工式血清学操作相比，大大简化了分析程序，也提高了分析质量。实验医学新发展阶段的到来，将有助于节约人力、资源，提高工作效率。

自动分析应用于临床化学、免疫学、血液学，对病人来说同时满足了过去常常被认为是相互对立的"快"和"准"的基本需求，在医学上是一个不可低估的进步。生化自动分析仪具有的高速度、高性能、高分析质量等特点，使其在一些全民疾病早期诊断、社会保健工作发挥了重要作用。因此说，医学自动化是自动化技术的又一成功应用领域。

三、教育自动化

"上网"已成为一个平常人生活中的常见词语了，而利用网络进行教学是教学自动化和现代化的重要手段。随着网络技术的发展和国际互联网的形成，将改变人类以往的生活方式、工作方式、学习方式，甚至可以改变人类的思维方式，并能为人类带来知识、信息、机会、欢乐、职业等。教育工作者能用它来从事教学，如开设电子教室，提供全真模拟教学；学生可以通过发送电子邮件的形式将作业送到教师的邮箱里，由教师批改后再传回给学生，等等。今天，Internet 已成为世界上覆盖面最广、规模最大、信息资源最丰富的计算机网络。回顾教育发展的历史，不难发现教育的模式总是随着社会的发展而发生变革，随着信息社会的到来和网络技术的发展，教育模式必将发生深刻变革。

进入 20 世纪 90 年代，随着计算机、多媒体技术和网络技术等现代化信息技术的发展，远程教育在理论和实践上更加完善，步入了教学资源和过程更加优化并能虚拟教育环境、实现交互学习的现代远程教育的新阶段。多媒体计算机辅助教学（CAI），按联网与否可分为单机教学和网络教学两种，具体应用于以下三种方式：

（1）在多媒体综合电教室内应用多媒体计算机系统进行演播式教学。这种方式是指教师运用教室内的多媒体计算机及其大屏幕投影系统进行 CAI 课件教学内容的演示，实现声画同步供学生观看。它只是一种简单的传播，没有教师和学生的交互，是对传统课堂教学的一种充实。

（2）在多媒体计算机局域网教室内教师应用 CAI 课件进行教学。这种方式可以实现交互式学习，学生可以进入脱机状态，实现个别化学习；教师可以控制整个教学过程，有利于教师对学生进行管理；可以充分利用多媒体计算机的交互性特点和网络资源的共享，实现小组讨论和共同学习。

（3）在 Internet 中进行远程教学。Internet 上有着极其丰富的信息资源供用户使用，Web 将 Internet 上丰富的资源有机地联系起来，并以丰富的形式（图像文本、声音和影像）完美地予以展示。Web 用于教学，可为人们提供了丰富多彩的信息服务手段，拓展教学的信息资源，它具有适应范围广、媒体多种的特点，缩短了空间距离，有利于跨校、跨国的大背景教育和远程教育。而且信息高速公路紧密地沟通了学校与家庭的联系，大大方便了家庭教育的实施，改变了传统的同时、同地、同课堂、同进度的教学模式，学生可以随时随地按照自己的进度安排学习计划，完全不受时间、地点、个人水平等条件的限制，平等地接受优秀教师的指导。利用 Web 的广泛适应性、灵活性和内联性，人们可以利用网络上的虚拟图书馆，收藏查阅世界各地的藏书目录、书报、期刊、音像制品和各种历史文献资料；也可以利用网络上的虚拟课堂环境，聆听全国、全世界各地不同教师的讲课；还可以利用网络中电子邮件、语音信箱、交互电视或电视会议技术、虚拟现实技术等，进行师生双向信息交流，实现双方或多方实时交互。所以，人们只要愿意，就可以在丰富多彩、图文并茂、声形兼备的网络资源中学习，在知识海洋中冲浪。

总之，随着计算机技术及通信技术、网络技术、多媒体技术的发展，多媒体计算机技术将在 21 世纪的教育中发挥重要作用。

四、商业自动化

我国商业正面临着全球性商贸发展与变革的挑战，因此商业自动化势在必行。商业流通领域的自动化涉及商业经营活动的各个方面、各个环节。商业自动化除了已开始推广应用的信用卡、条形码等技术外，还有以下几方面的内容。

电子订货系统（EOS），是将零售所发生的各种订货事件在当地输入计算机，通过网络与供应商发生密切的数据关系，达到可允许的实时、准确运作。EOS 最先在连锁店中得到运用，其目的是为了追求分店与总店的相互补货业务及管理运行上的合理化。利用 EOS 则可以对商业信息进行分析，然后进行有计划地补货、进货，准确而高效。零售业把 EOS 作为超市或连锁店与总公司的补充订货系统。商店从终端上输入订货资料，经由网络传到总公司的计算机中，总公司将这些信息进行排队，优化处理后再传给供货者，供应商按时按量补充货物，保证了商业活动的顺畅高效进行。

电子收款机（ECR），是指销售管理专用的计算机系统，包括 CPU、内存、外部设备。它具有自动计算、显示、记账、打印等功能。在收款台前，营业员与顾客在确认销售额的同时，进行收款，并及时上账。每次交接班时，各笔交易和现金收付情况都可以打印出来，方便省时，出错后也容易核对，同时也加强了现金管理，防止出错。ECR 的使用可以将商店的前台销售工作较全面地管理起来。销售点即时管理系统（POS），是由条码系统、电子收款机和计算机组成，通过追踪每一笔销售数据，可以知道当时商场里什么商品最畅销，什么东西滞销，以便采取措施、调整营销策略。这些信息都是即时反应的，可为管理人员掌握商情资料、加强结账、有效管理库存进货提供决策依据，提高决策的正确性。

IC 卡销售点电子转账系统是以 IC 卡作为在商场支付的"电子货币"。消费者在付款时，将 IC 卡插入商场的销售点终端设备内，并输入个人识别码，确认输入的金额无误后，即完成此笔交易。这笔交易在商场下班时，会以批处理方式传给银行，并将该笔金额由消费者账户转入商店的账户上。该系统可进行脱机授权及黑名单检查，无需联机作业；可节省大笔通信费用，且安全性高，难以伪造；系统作业成本低，银行向商店收取手续费低，常在 1％上下。IC 卡除购物外，还可用于打电话、乘车、交纳公路费等。

计算机图形技术发展迅速并在商业领域得到广泛应用，有力地推动了商业现代化进程。这项技术包括计算机辅助设计（CAD）、多媒体技术等。多媒体技术是综合处理文字、声音和图像等多种信息媒体的交互式、集成式计算机系统。这项技术可用于顾客引导、商场指南和信息服务等方面，图影声并茂，能使顾客加深印象，并可加上一些专业知识的说明，为顾客提供起直观易懂的服务指南。在展示中，还可由顾客利用触摸式荧屏，了解查询所选商品的性能，避免需要有人解说的困扰。如图 5 - 17 所示，即为商场的自动咨询仪。多媒体生动活泼、自然，商业前景看好。

五、图书管理自动化

随着科学技术的发展，计算机技术在图书馆得到广泛应用，各式各样的自动化管理应用系统，在各种不同性质、不同类型、不同规模的图书馆中发挥着越来越重要的作用。如何利

图 5-17　商场的自动
咨询仪外形图

用计算机技术和网络通信技术，对文献信息资源进行科学的管理、有效的开发，实现资源共享和图书馆的现代化管理，是图书馆工作的重要内容之一。我国的图书馆自动化管理应用系统的研制工作从 20 世纪 70 年代末开始，目前国内开发使用的图书馆自动化管理系统达 30 多种，从总体上说国内的图书馆自动化管理系统已进入应用完善阶段。图书外借与图书自动传输系统如图 5-18 所示。图书馆数字视听欣赏示意图如图 5-19 所示。

国内较成熟的产品有图书馆自动化集成系统（Integrated Library Automation System，ILAS）、通用图书馆集成系统（General Library Integrated System，GLIS）、金盘图书馆集成管理系统（Golden Disk Library Integrated System，GDLIS）等。其中 GDLIS 是清华大学金盘工程研究中心于 1995 年正式推出的，至今已有近百家高校采用该系统。GDLIS 是以微机局域网为软平台，支持 NOVELL 网和 Windows NT 网络，以关系数据库（ROBMS）为开发管理平台，选用 FOXPRO 作为前端开发平台或整个系统的开发和管理平台。GDLIS 的功能模块设置有图书采访、编目、馆藏管理、流通管理、公共数据查询、期刊管理、书目维护、系统管理等。

图 5-18　图书外借与图书自动传输系统

图 5-19　图书馆数字视听欣赏

国内图书馆自动化管理应用系统的特点包括功能齐全、集成性强，较高的安全性，较强的开放性，标准化程度高，价格较低等。

信息社会的到来，将使图书馆发生根本性的变化，数字化、网络化已成为现代图书馆发展的必然结果。

六、银行办公自动化

在银行的经营管理中，凭借先进的计算机手段，进行组织协调、指挥调度、监督调控、辅助决策，以提高银行的现代化管理水平和工作效率，已经越来越引起人们的关心和重视。

银行的各项业务和各类工作都是相互联系、互为依存的，是一个有机的整体，不能割裂分开。因此，在金融电子化的进程中，在银行办公自动化系统的设计上，要通盘考虑，统筹规划。银行办公自动化主要有四个方面的内容，包括管理决策环节、业务处理、信息加工、网络传导环节。

除此，银行办公自动化还有以下几项特殊功能要重点考虑，以满足办公需要。一是对领导同志的原稿、手迹、批示、签名如何采集，如何保存。二是大量文件、资料、数据如何进入计算机，由纸张信息转换为电子信息。三是信息的存储，办公自动化系统涉及全行各个部门，信息量十分庞大。无论是暂时存放，还是长年保存，系统都要提供足够的存储空间。四是高效率的邮件处理功能。通过电子笔手写方式，多媒体语音功能，公文信息原稿扫描技术、键盘录入，大容量光盘存储，激光打印机输出等的综合运用，可以较好地满足以上各类功能需要。

七、智能卡技术

智能卡技术最早兴起于欧洲，但近些年，亚洲特别是中国在这方面发展迅速。在现代人的生活与工作中，需要各类证件与卡片。随着科学技术的进步，尤其是计算机网络技术的发展，这些证件与卡片的形式与功能发生了巨大的变化。目前，智能卡技术是正在迅速替代磁卡的一种先进的技术，已广泛地进入人们的社会生活。智能卡的英文名称有 Smart Card 与 Integrated Circuit Card，后者经常译作集成电路卡，简称 IC 卡。

智能卡根据装载芯片类型的不同分为存储式卡片和微处理器卡片，根据信息通信方式的不同分为接触式卡片、非接触式卡片和双界面卡片。从智能卡硬件的安全特性看，在芯片设计制造中考虑了多种安全措施，如防止他人修改数据等；在芯片的操作系统（COS）的设计上、在智能卡数据通信上都采取了各种不同的安全措施。以上的安全措施中，都采用了强度极高的各种安全算法、数据加密等措施。在应用当中采用了包括生物识别在内的用户身份识别、用户 PIN 码认证、智能卡与智能卡读写机具的交互认证等各种安全措施。智能卡已应用到银行、电信、交通、社会保险、电子商务等领域，IC 电话卡、金融 IC 卡、社会保险卡和手机中的 SIM 卡、各类 RFID 卡都属于智能卡的范畴。

智能卡与磁卡、凸字卡等相比，具有四大优点。

（1）内含存储容量大。卡内设置有 RAM、ROM、EPROM、EEPROM 等存储器。存储器存储容量可以从几个字节到几兆字节，而且存储器可以分为多个应用区以实现一卡多用，便于使用与保管。

（2）高安全性。智能卡通过卡中的 CPU 或存储器以及卡上操作系统等多方面设置安全措施，信息加密后不可复制，而且卡上存储器具有控制密码，如遇到非法解密，卡片即行自毁，使之不能再行读写。

（3）使用可靠。智能卡的读写设备较简单，而且对计算机网络的实时性要求不高。因为卡内存储器内包含账上余额等信息，可以工作在脱机方式，不需等待银行中心的确认即可操作。

（4）使用寿命长。目前各种不同类型的智能卡刷写寿命都在上万次，甚至上亿次。

智能卡的应用领域可分为两大类，即金融业与非金融业。现代经济活动中，无现金交易方式逐渐替代现金交易，金融卡作为一种无现金交易的凭证而被大量发行。金融卡包括信用卡（Credit Card）和现金卡（Debit Card）等。信用卡主要由银行发行与管理，持卡人用它作为消费时的支付工具，可以在世界范围内按预先设定的透支金额进行支付。而现金卡可用作电子存折和电子钱包，可以快速而直接地支付中等量的交易款，也可以代替支付小额现金，通常现金卡是不允许透支的。由于智能卡具有高可靠性与高安全性的特点，因而在金融业中得以广泛使用。

智能卡在非金融业领域应用更为广泛，已渗入到人们生活的各个角落。例如身份证明卡，卡上存储的内容可包含持卡人的全部履历档案与生理档案，如指纹、声音、视网膜等；

可供个人身份的证明与进入通道管制区域或考勤等使用。又如健康保险卡，卡上存储的内容可包含持卡人的身份、健康保险投保公司、医疗服务机构、个人健康数据以及医疗费用支付等信息，主要供医疗与保险管理之用。用智能卡代替电话磁卡，可以不必一再地购买新磁卡，智能卡在专用的智能卡电话机上作为一种电子货币被逐渐地消费，即使在通话过程中发生电子货币耗尽的情况也不必担心，在一定的范围内允许善意透支，只要以后在这一卡号上再存入钱款即可。另外，在某些移动电话中含有一张智能卡，用于信息加密、用户授权和用户自用信息（如呼号、快速拨号、付费等），可以使用户不限于只能使用某一特定的话机。凭借智能电信卡，用户可以在世界上任何地方使用移动通信设备，而且电话传送的信息可以加密传送不被截取，同时也保证杜绝非授权者使用他人的通信工具。校园卡是一种在特定区域内使用的多功能卡，用于进行持卡人身份确认、费用结算和事务管理，以满足区域内人们的需要。

随着物联网概念的普及以及应用技术的推广，自动化技术在智能卡中具有广阔的应用前景。

第六章　自动化专业的培养方案

第一节　我国自动化专业的发展

我国的自动化专业最早源于 1952 年全国高校院系调整，当时首批设立了工业企业电气化专业。之后根据前苏联模式组建的高等教育体制，将专业进行了细致划分，对应着国家工业建设中的自动化与国防、军事建设中的自动控制，先后建立了工业企业电气化专业和与自动控制专业。

改革开放以来，我国进行了几次大规模的学科目录和专业设置调整工作。

第一次修订目录于 1987 年颁布实施，修订后的专业种数由 1300 多种调减到 671 种，解决了专业设置混乱的局面，专业名称和专业内涵得到整理和规范。

第二次修订目录于 1993 年正式颁布实施，专业种数为 504 种，重点解决专业归并和总体优化的问题，形成了体系完整、统一规范、比较科学合理的本科专业目录。将工业电气自动化和生产过程自动化两个专业合并成立属于电工类的工业自动化专业，并由当时的机械工业部归口管理成立高等学校工业自动化教学指导分委员会，负责全国工业自动化专业的教学指导工作；与此同时，自动控制专业则被归属到电子信息类，并由当时的电子工业部归口管理成立高等学校自动控制教学指导分委员会，负责全国自动控制专业的教学指导工作。这次专业调整进一步明确了工业自动化专业与自动控制专业的"强弱电并重、软硬件兼顾、控制理论和实际系统相结合，面向运动控制、过程控制和其他对象控制"的共同特点与培养目标，也基本确定了工业自动化专业偏重强电、偏重应用，自动控制专业偏重弱电、偏重理论的专业特点与分工格局。1995 年，原国家教委颁布了《（高等学校）工科本科引导性专业目录》，将电工类的工业自动化专业与原电子信息类的自动控制专业合并为新电子信息类的自动化专业。

第三次修订目录于 1998 年颁布实施，修订工作按照"科学、规范、拓宽"的原则进行，使本科专业目录的学科门类达到 11 个，专业类 71 个，专业种数由 504 种调减到 249 种。适应国家经济建设对宽口径人才培养的需要，进一步与国际"通才"教育接轨。将原目录中属于强电专业类的电工类与属于弱电专业类的电子信息类合并为强弱电合一的电气信息类，同时将原属于电工类的工业自动化专业与属于电子信息类的自动控制专业正式合并，再加上液压传动与控制专业（部分）、电气技术专业（部分）与飞行器制导与控制专业（部分），组成新的（强制执行的）属于电气信息类的自动化专业。

第四次修订目录工作正在进行中，计划于 2011 年完成修订并向社会公布。修订工作强调以科学发展观为指导，全面贯彻党的教育方针，坚持面向现代化、面向世界、面向未来。全面落实全国教育工作会议精神和教育规划纲要，立足我国国情，把握国家发展的历史方位和高等教育发展的阶段性特征，遵循教育规律和人才成长规律，使本科专业目录更加适应经济社会发展需要。修订工作的目标是，适应我国经济社会发展和高等教育改革发展需要，研究制定更加有利于提高人才培养质量，有利于优化学科专业结构，有利于促进高校合理定位、办出特色、办出水平的指导性和开放性本科专业目录。在修订一稿中，电气信息类被划分成电气类、电子信息类、自动化类和计算机类。自动化专业的地位的重要性更显突出。

据统计，到目前为止全国已有 300 余所高校设立了自动化专业。如果把以"自动化"作为其专业名称一部分的专业（如电气工程及其自动化、机械设计制造及其自动化、农业机械化及其自动化等专业）包括在内，自动化专业无疑已是我国最庞大的专业了。

第二节　形势与挑战

21 世纪的人类社会是一个高度信息化的社会，是一个知识发展型社会，以发展信息、生物技术为代表的高新技术成为世界各国激烈竞争的热点，其中自动化技术的发展也是当代的重要前沿。

自动化专业是一个传统专业，它随着自动化理论和自动化技术的发展而发展，衍生出很多分支和学科增长点。特别是在新的世纪，随着信息技术的快速发展，自动化技术的领域越来越宽广。同时，我国高等教育的专业改革和调整，也使得自动化专业本身的内涵发生了变化。因此，保持专业优势和学科活力，强化自动化理论在自动化专业的优势地位，是 21 世纪自动化专业发展的首要问题；培养基础厚实、口径宽广、能力强的有用人才，是 21 世纪自动化专业人才培养的根本任务，也是人才素质的根本要求。

自动化专业同时又是一个国际化的专业，世界各国以工科为主的高等学校几乎都设有自动化专业，各学校的侧重点不同。很多世界上的新技术，如通信技术、计算机技术和测控技术，首先均在自动化领域中使用。所以，随着 21 世纪知识全球化的加剧，培养通用性和个性鲜明的人才，加强数学基础、外语基础、计算机基础、电工基础和控制理论基础也是自动化专业人才素质的要求。

现代自动化学科向着多学科、多层次、开放型和集成化的方向发展，现代自动化装置及系统从技术内涵上，已由过去的单一电气化控制向着以电气化、信息化、网络化、智能化方向发展，其工业自动化系统也相应地由过去单一的控制装置自动化发展成为现在集控制装置自动化、系统运行及管理自动化、信息处理及显示自动化、人机协同一体化方向发展，形成了多功能集成、多设备集成、大信息量集成的大型复杂工业自动化系统。现代和未来社会对自动化专门人才知识结构提出了全新的要求，必须加大力度改革教学模式和教学方法，才能培养出更多的满足 21 世纪要求的专门技术人才。

第三节　自动化专业的培养目标

我国高等教育必须贯彻党的教育方针，坚持社会主义办学方向，以培养社会主义建设者和接班人作为根本目标，培养适应社会主义现代化建设需要，德、智、体、美全面发展，素质、能力、知识协调统一，具有"宽厚、复合、创新"特征及突出"实践能力、创新意识及创业精神"的自动化工程研究应用型人才。

自动化专业培养的学生应该具有较强的获取知识和综合运用知识的能力，解决实际工程问题的能力，基础扎实、知识面宽；具备自动控制理论、仪器仪表学、电工电子学、系统工程、信息处理、计算机与应用和网络技术等方面的基本理论和专业知识，能在工业过程控制、运动控制、检测与自动化仪表、电气自动化、信息处理及相关领域从事系统分析、系统设计、系统运行、科技开发与研究、管理与决策等工作。

为实现这一目标，学生不仅要有坚实的专业基础知识，还必须具有坚实的思想基础、心理基础和身体基础；有了坚实的专业基础知识，学生还必须具有应用这些专业基础知识的能力。

自动化专业人才的培养应注重学生的创新能力、实践能力、独立分析问题和解决问题能力以及创业精神的培养。

具体来讲，自动化专业的学生应获得以下几个方面的知识和能力。

（1）良好的心理素质及道德修养，创新思维能力及自我更新能力。

（2）较扎实的数学基础，较好的人文社会科学基础。了解一些中外著名的文学作家和代表性作品；了解中华民族的文明史，尤其是近代革命史；了解基本的音乐、美术知识；具有系统的法律基本知识。

（3）自动化专业领域较宽的技术基础理论知识，主要包括电路理论、电子技术、电气技术、控制理论与控制工程、信息处理、计算机和网络技术等宽广领域的工程技术基础和较扎实的专业知识及应用能力。

（4）较好地掌握技术基础知识，对工业过程控制、自动化仪表、电力电子技术、信息处理等方面的知识有较深入的认识，了解自动化专业的学科前沿和发展趋势，具备综合运用所学理论知识，分析、发现和解决实际工程问题的能力。

（5）具有一定的计算机软硬件、程序设计技术及单片机、DSP、嵌入式系统等知识；掌握网络技术和数据库技术；掌握利用计算机对系统进行控制和管理的知识。

（6）具有自动化专业的外文书籍和文献资料的阅读能力，能正确撰写专业文章的外文摘要，能使用外语进行学术交流和一般性交流，能熟练使用互联网进行各种信息的收集和利用，具备较强的综合文献资料的能力。

（7）获得较好的系统分析、系统设计及系统开发的工程实践训练，在综合类实习、实验中具有较强的独立设计、分析和调试系统的能力，同时能积极探索、验证已有的结论，并具备自主设计实验的能力。

（8）在自动化专业领域内具备一定的科学研究、科技开发和组织管理能力，具有较强的工作适应能力，具有从事本专业科学研究工作或担负专门技术工作的初步能力。

总之，自动化专业的发展是一个可持续性的过程，随着社会发展和经济体制改革的深入，全国各高等院校将根据自身发展及社会的需要，努力探索具有自身特色的培养目标及培养方案，进一步促进自动化事业的全面发展。

第四节　培养方案的基本体系构架

培养方案的体系构架应体现培养目标和基本思路，体现完整的人才培养模式。在我国高等教育已经大众化的今天，以培养工程研究应用型人才为主的培养目标已经成为共识。

按照电力类高校自动化专业的人才培养需求，制定培养方案时包括了课内计划和课外计划两大部分，如图 6-1 所示。

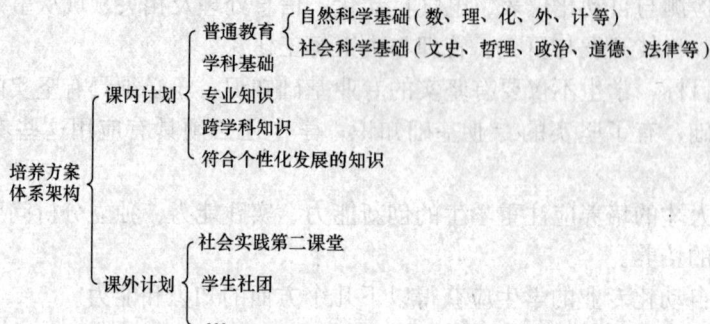

图 6-1　电力类高校自动化专业的人才培养方案体系架构

课内计划中，课程类型通常分为普通教育课、学科基础课和专业课三大类，其中包含必要的实践环节。

一、课内培养计划

（一）普通教育课

普通教育课包括公共基础教育课和基础课两部分。其中公共课是指国家统一规定设置的、所有专业学生必修的课程，包括思想道德修养与法学基础、马克思主义基本原理概论、毛泽东思想、邓小平理论、"三个代表"重要思想、科学发展观、新时代中国特色社会主义思想、形势与政策教育、中国近代史纲要、外语、体育等课程，还有军训等环节。这类课程开设的目的在于给学生树立正确的荣辱观和科学的世界观、人生观和价值观，使学生学会辩证唯物主义和历史唯物主义的思想方法，用科学的发展观去看待事物和分析现实问题。通过外语课程学习使学生掌握外语应用能力；通过体育课程锻炼学生强壮的体魄；通过军训，使学生在就学期间，履行兵役服务，接受国防教育，激发爱国热情，树立革命英雄主义精神，增强国防观念和组织性、纪律性，掌握基本的军事知识和技能。

基础课是根据自动化专业的性质和特点而设置，包括高等数学、工程数学、大学物理、数值分析、计算机文化基础、计算机语言、工程制图与 AutoCAD 等。这类课程往往不强调应用背景，主要用于为后续课程打基础，对学生进行科学思维训练、基本技能训练，是体现能力培养和进一步知识学习所必需的基础课程。

（二）学科基础教育课

学科基础课也叫专业基础课或技术基础课，是指与专业理论和专业技能相联系的基础课程。自动化专业的学科基础课包括电路原理、电子技术基础、自动控制原理、现代控制理论、计算机原理及接口技术、流体力学、热工基础、设备基础、电机与拖动、电力电子技术、信号与系统分析、自动化概论等课程。教学中强调一定的应用背景，但一般不涉及具体的工程或产品，因而覆盖面较宽，有一定的理论深度和知识广度。这类课程与基础课程共同奠定了学习专业课的基础，并与专业课程构成了专业教育的核心课程体系。

基础课和学科基础课在专业体系中至关重要，对学生后续能力的发展关系紧密，是支持深入学习与全面发展的基石。

（三）专业教育课

专业教育课是根据专业培养目标要求，结合专业特点和培养特色定位而专门开设的课程。专业课的设置要根据社会对人才的需求而定，各学校往往根据具体情况不同在安排上会略有差异。

自动化专业的专业课包括过程控制、程序控制、运动控制、检测技术及仪表、计算机控制系统、集散控制系统与现场总线控制、专业英语、自适应控制、智能控制基础、神经网络导论、图像处理与模式识别、系统辨识、系统工程导论、控制系统仿真、可编程控制器原理及应用以及各学校根据特色需要设立的相关课程。例如，电力行业特色的学校开设热工理论基础、电厂热力设备及运行等。这些课程中有些课程在内容上有交叉部分或在体系上分属不同的系列，因此往往分成必修课和选修课两大类，学生在学校指导下选择学习。还有一些跨专业的选修课程，设置的目的是为了扩大学生的视野、丰富知识结构或满足个性化发展的需要。

（四）实践环节

实践环节与理论教学同等重要甚至更为重要，是培养学生动手能力、独立分析和解决问题能力的重要环节。

自动化专业的培养方案中，实践环节主要包括课程实验、军训、金工实习、模拟电子课程设计、数字电子课程设计、计算机控制系统设计、检测技术及仪表课程设计、过程控制课程设计、专业方向课程设计、认识实习、毕业实习、毕业设计等。

课程实验是课堂教学的重要组成部分，包括验证性实验、设计性实验和综合性实验三个基本总类。实验可以帮助学生巩固和加深对理论知识的理解，培养学生掌握基本的科学实验技能和科学研究的方法，使学生建立起严谨、科学的治学态度和实事求是、理论联系实际的良好学风。验证性实验属于基础性实验，目的在于对所学学科的理论知识进行科学验证，完成理论与实践的结合，加深对理论知识的理解。设计性实验具有自主学习的特征，要求学生根据实验目的、设备水平和实验条件自行设计出可完成任务的实验方案，并完成整个实验操作过程，得出预期的结果。综合性实验顾名思义具有多内容综合特征，要求学生综合运用所学的知识，通过一定的方法完成多层次、多内容甚至多学科相综合的实验。设计性和综合性实验是目前各高校积极倡导的实验模式，目的在于锻炼学生的创新意识和实践能力。

课程设计和毕业设计（论文）同属一段时间内集中进行的实践环节，都是结合实际问题在导师的指导下，由学生自主寻求解决方案，而这类问题通常具有一定的综合性和工程性。课程设计时间较短，一般为 1～3 周且安排在相关课程的理论教学和实验教学结束之后，属于单独进行考核的教学环节。课程设计的内容往往与该课程内容相对应，具有一定的课程局限性。毕业设计（论文）是毕业生取得学士学位所必须完成的综合实践环节。毕业设计的时间较长且安排在所有教学环节课程结束之后进行，一般为 14～18 周。毕业设计的题目要求学生综合所学的知识和技能分析问题和解决问题，是工程设计和科学研究基本训练的最重要的环节，是一种学习、实践、探索和创新相结合的综合教学，是对学生综合运用所学知识解决本专业实际问题能力的考核，是学习深化和提高的重要过程。

二、课外培养计划

课外培养计划常称为课外活动，是指学校在课内培养之外对学生实施多种多样有目的的、有组织、有意义的教育活动。课外活动是培养新时代人才的不可缺少的途径，是课堂教学的必要补充，是丰富学生精神生活的重要组成部分。

通过课外活动生动的、形象的、实践的教育，可以提高学生的道德水平，丰富学生的道德情感并在实践中增强道德行为的调节作用。通过课外活动，可以扩展学生的视野，使学生获得多方面的新鲜认识，掌握更多的技能技巧，发展各方面的智力和能力，巩固、加深、拓展课堂教学的内容，发挥学生的主体地位；可以发现优秀人才，为优秀人才脱颖而出创造条件，开发学生的兴趣、情感、意志等非智力因素，提高学生的人文、社科综合素质，培养学生的社会活动能力、自学能力和独立工作能力。

（一）课外活动的基本要求

（1）活动要有明确的目的。课外活动是学校教育工作的一部分，因此要服从于教育目的，有利于学生身心发展。在每一项有组织的活动中，都应帮助学生明确具体的目的要求，不能为活动而活动。

（2）活动要符合学生的年龄特征，满足和发展学生的兴趣和特长。课外活动内容要丰富多彩，形式要多种多样。

（3）寓教于乐，寓学于乐，正确处理"教"与"乐"，"学"与"乐"的关系，应将它们有机地结合起来。

（4）充分发挥学生的主动性和积极性。要让学生在活动中学会独立思考、独立工作、独立生活的能力；特别还要注意培养学生的创新意识，鼓励学生积极开动脑筋，自己创造条件解决问题。

（二）课外活动的形式

课外活动的内容是极其丰富的，为了完成课外活动的任务，必须采用比课内教学更灵活的形式，一般可分为以下几类：

（1）政治性活动，主要包括讲座、论坛和报告会，如时事政治报告、英雄事迹报告会等；庆祝会和纪念会，如国庆节、五一劳动节、五四青年节举行庆祝活动，为纪念伟大革命家和科学家而举行的纪念会等；专题集会，如主题班会。

（2）学术性活动，主要包括获专业等级证书、发表学术论文、学科竞赛（电子设计、计算机、数学建模、英语等）、校报发表文章、科学技术的调查研究、撰写科研报告、举办或参加科技报告等。

（3）知识性活动，主要包括多媒体课件制作、辩论、百科知识竞赛、写作、文化素质必读书目、美育活动（书画、摄影、集邮）、参观、访问和游览等。

（4）文体性活动，如体育竞赛或参加体育活动、文艺演出、寝室文化建设、各学科竞赛、运动会等。

（5）社会实践性活动，包括社会调查、承担社会工作、参加义务劳动、时事政治宣传、普及法律知识宣传等。

（6）技能性训练，包括独立设计实验、开发设计实用软件、参加教师科研课题、实验系统维护、参加科技制作、辅修其他专业等。

课外活动是学校教育工作的一个重要组成部分。虽然课外活动是以学生自己组织进行自我教育为主的活动，仍须学校教师及辅导员发挥其应有的辅导作用。

（三）自动化专业课外培养计划（见表 6 - 1，仅供参考）

表 6 - 1　　　　　　　　　　　　　自动化专业课外培养计划

类别	内　容	学分	学年	考核方式
科技活动	获专业等级证书	2	1～4	证书
	发表学术论文	1～3	1～4	公开发表或学术交流
	学科竞赛（电子设计、计算机、数学建模等）	1	1～4	证书
	科学技术的调查研究	1	1～4	调研计划及报告
	撰写科研报告	1	1～4	3000 字以上，并提交教师证明
	举办或参加科技报告	1	1～4	导师推荐书及 30 人以上听讲
	英语竞赛	1～2	1～4	根据奖励级别记分
	发表稿件	1～2	1～4	公开出版物
文化活动	多媒体课件	1～2	1～4	作品
	辩论、百科知识竞赛	1～2	1～4	证书
	写作	1～2	1～4	考试成绩
	文化素质必读书目	1	1～4	读后感（5000 字）
	美育活动（书画、摄影、集邮）	1～2	1～4	获奖证书
	体育竞赛或参加体育活动（院、系）	1～2	1～4	根据奖励级别记分
	文艺演出（院、系）	1	1～4	由组织部门给出评分
	寝室文化建设	1	1～4	院评比结果
技能训练	独立设计实验	1～3	1～4	实验装置及指导书
	开发设计实用软件	1～2	1～4	成品
	参加教师科研课题	2～4	1～4	提交论文或科研报告、成果等
	机房系统维护	1	1～4	由机房教师出评分
	科技制作	1～4	1～4	根据奖励级别记分
	辅修专业	4	1～4	专业证书
社会实践	暑期社会实践	1	2～4	调查报告
	家教中心、春蕾行动	1～2	1～4	至少参加 3 次以上
	担任学生干部工作	1～2	1～4	根据级别记分
	参加社会实践基地活动	1	1～4	总结报告

第五节　培养环节设置

一、教学计划总体安排（见表 6 - 2，仅供参考）

二、学时分配（见表 6 - 3，仅供参考）

三、学年学分分配表（见表 6 - 4，仅供参考）

表 6-2　　　　　　教 学 计 划 总 体 安 排

学年	学期	教学进行周次（1-26）	理论教学 ←→	考试 K	课程设计 J	实习 S	金工实习 G	毕业设计 T	军事训练 M	入学教育 R	毕业教育 B	假期 F	合计
		符号	←→	K	J	S	G	T	M	R	B	F	25
一	1	R M M M ←————→ K K F F F F F F	13	2					3	1		6	26
	2	←————→ K K F F F F F	19	2								5	26
二	3	←————→ K K F F F F F	18	2			3					6	26
	4	←————→ K K J J F F F F	17	2	2							5	26
三	5	←————→ K J J F F F F	17	1	2							5	26
	6	←————→ K K J J J J F F F F F	15	2	4							5	26
四	7	←————→ K K J J J J J J F F F F F	12	2	6							6	26
	8	S S S S T T T T T T T T T T T T T T B				4		14			1		19
总计			111	13	14	4	3	14	3	1	1	39	200

注　表中字母的含义如下：R—入学教育；M—军训；K—考试；F—放假；J—课程设计；S—实习；T—毕业设计；B—毕业离校。

表 6-3　　　　　　学 时 分 配

纵向结构	学时	百分比（%）	学分	百分比（%）	横向结构	学时	百分比（%）	学分	百分比（%）
普通教育课	1326	53.3	72.5	53.7	必修课	2154	86.6	117.5	87
学科基础课	716	28.8	38.5	28.5	选修课	333	13.4	17.5	13
专业课	445	17.9	24	17.8	合计	2487	100	135	100
合计	2487	100	135	100					
实践环节	40周39学分				课外培养计划	10学分	总学分	184学分	

表 6-4　　　　　　学 年 学 分 分 配 表

课程类别		普通教育必修课	学科基础必修课	专业必修课	小计	实践教学环节	普通教育选修课	学科基础选修课	专业选修课	小计	合计
学期学年学分	Ⅰ	17	0	0	17	4	3	0	0	3	24
	Ⅱ	22.5	0	0	22.5	0	0	0	0	0	22.5
	Ⅲ	17	3.5	0	20.5	3	0	2	0	2	25.5
	Ⅳ	9	6	0	15	2	0	3.5	0	3.5	20.5
	Ⅴ	3	14	0	17	2	0	2	0	2	21
	Ⅵ	1	5	8.5	14.5	4	0	2.5	0	2.5	21
	Ⅶ	0	0	5	5	6	0	0	10.5	10.5	21.5
	Ⅷ	0	0	0	0	18	0	0	0	0	18

第六节　自动化专业主干课程拓扑图

自动化专业主干课程拓扑图如图 6-2 所示。

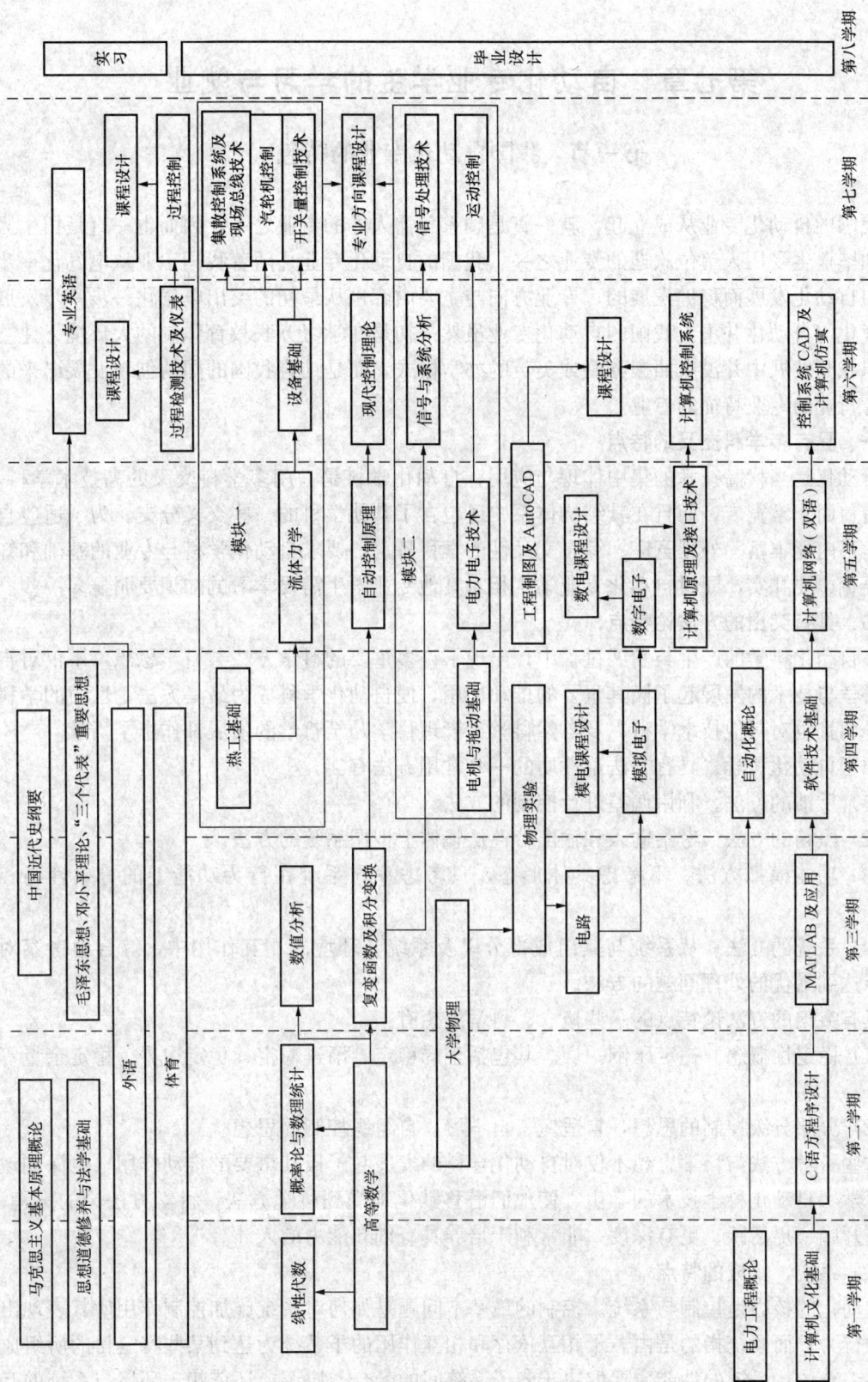

图 6-2 自动化专业主干课程拓扑图

第七章　自动化专业学生的学习与就业

第一节　我国自动化专业的特色

我国的自动化专业从成立起，就一直是国家急需人才的专业之一，因而也一直是招生人数多和毕业生受用人单位欢迎的专业之一。我国的自动化专业是随着我国工业从电气化一步一步向自动化发展而稳健发展的，专业方向与主要内容也从最初的突出电气化一步一步发展为电气化与自动化并重。我国的自动化专业虽然最初是在学习苏联教育体制的大环境下建立的，但在其发展中并没有照搬苏联或美英的办学模式，而是结合我国的国情创新发展出来的具有跨行业的专业特征的专业。

一、具有多学科交叉的特点

自动化是当代高技术的集中体现与应用，自动化学科是一门多学科交叉的高技术学科，不仅覆盖面非常宽广，而且在其结构体系中还包含了其他学科的一些交叉分支。为了适应自动化学科内涵丰富、外延宽广、综合交叉性的学科特点，要求自动化学科与专业的基础和知识面要宽、要扎实，同时自动化专业学生相对其他专业学生需要学习的知识要明显多一些。

二、具有突出的方法论特点

在自动化科学的产生与发展过程中，出现了许多重要的科学方法与科学思想，不仅对自动化科学与技术的发展起了极其重要的推动作用，使自动化学科成为最具方法论性质的学科之一，而且也对其他技术学科以及自然科学、管理科学乃至哲学的发展都作出了贡献。

源于自动化科学、具有方法论性质的一些常用方法有：

（1）反馈的方法。利用偏差进行控制的方法。

（2）黑箱的方法。考察输入和输出特性从整体上把握系统的方法。

（3）功能模拟方法。不考虑具体形态，只考虑不同系统在行为功能上的等效性与相似性。

（4）系统的方法。从系统与其组成部分以及系统与环境的相互作用中，综合地考察对象，以达到最优的处理问题的方法。

具有突出的方法论特点的一些概念、科学思想有：

（1）稳定性概念。稳定压倒一切。其包括全局稳定、渐进稳定、稳定边界、稳定余量等概念。

（2）分层分级控制的思想，自适应、自学习、自组织控制的思想。

这些科学方法与科学思想不仅对自动化学科的发展起了极其重要的推动作用，也深刻地影响了学习自动化科学技术的学生，使他们潜移默化地受到科学方法、科学方法论的熏陶，思想更开阔、更活跃、更有深度，非常利于培养具有创新能力的人才。

三、系统、集成的特点

自动化的核心是控制与系统。控制的最基本问题是如何对系统施加控制作用使其表现出预定的行为；而系统指的是由若干相互依存和相互作用的子系统为达到某些特定目的所组成的完整综合体，系统的性能主要取决于各子系统间的配合与协调，还依赖于环境与系统的互动。因此，从事自动化工作者特别需要具备以下几方面的能力。

（1）从工程实际问题中抽象出系统问题的分析与综合能力；

（2）综合集成（分析、建模、控制和优化）解决系统问题的能力；

（3）理解许多其他学科与专业的技术细节的能力，与其他许多不同领域专家进行有效沟通的能力；

（4）组织管理、系统协调的能力、担当"系统集成者"的能力。

第二节　自动化专业学生的学习观

根据社会的发展和时代的要求，大学生应当采用新的学习观来指导自己的学习过程和学习行为。当代大学生必须树立面向未来的学习观。

第一，正确处理精与博的关系，在学好本专业基础知识的基础上，学习更为精深的专业知识。现在一方面，各个专业的界限逐渐模糊，产生了许多交叉和边缘学科；另一方面，随着社会竞争的不断加剧，知识更新和陈旧的速度也逐渐加快，所以，大学生应当加强各方面素质的培养，使自己能够适应不断变化的社会环境。具体地说，就是要形成宽厚的知识基础，文科的学生必须加强自然科学知识的学习，而理科的同学则需要加强人文社会科学的修养，促进学科之间的融合，成为基础理论知识扎实、知识面宽、适应能力强的合格人才。

第二，正确处理德与才的关系，学习知识与学会做人同样重要，从某种意义上讲，学习的最终目的仍然是为了成为一个先进的现代人。青年时期注重思想修养、陶冶情操，努力树立正确的世界观、人生观、价值观，对自己一生的奋斗和成就将会产生长远而巨大的作用。

第三，正确处理学与创的关系，大学生要从未来发展的角度认识学习与创造的关系，绝对不要死读书。要在学习过程中，在掌握基本知识的基础上加强学习方法和思维方法的锻炼，不仅要学会记忆，更要学会思考。

一、学会主动性学习

自学能力的培养，是适应大学学习自主性特点的一个重要方面，每个大学生都要养成自学的习惯。自动化学科是一个日新月异的学科，知识更新越来越快。大学毕业了，不会自学或没能养成自学的本领，就很难适应将来的工作。培养和提高自学能力，是大学生必须完成的一项重要任务，也是进行终身学习的基本条件。

在学习方法的选择上，大学生更应发挥自主性，一般来说大学生学习活动的主要形式有四种：①按教育大纲规定的课堂学习活动；②补充课堂学习的自学活动；③独立钻研的创造性活动；④相互讨论、相互启发的学习活动。在各种不同的学习形式中，都要发挥学习的自主性，可根据自己的情况，选择适合于自己的最有效的学习方法。大学的学习，不再是去死记硬背老师所讲的内容，而是按照自己的学习目标和专业要求，选择、吸收有用的知识。在方法上要自主选择，靠自己去理解和消化所学的知识。

二、注重能力培养和全面发展

德、智、体全面发展是我国教育方针对学生提出的基本要求。个人能力的全面发展，是指不仅要有良好的科学文化素质、身体素质、思想道德素质，而且还要有能妥善处理人际关系和适应社会变化的能力。能力的培养是现代社会对大学教育提出的一个重大任务。获取知识和培养能力是人才成长的两个基本方面，它们的关系是相辅相成、对立统一的。广博的知识积累是培养和发挥能力的基础，而良好的能力又可以促进知识的掌握。人才的根本标志不在于积累了多少知识，而是看其是否具有利用知识进行创造的能力。大学生要想学有所成，将来在工作中有所发明、有所创造，对人类社会的进步有所贡献，就必须注重各种能力的培养。

三、掌握正确的学习方法

学习方法正确，往往能收到事半功倍的成效。在大学学习中要把握住的几个主要环节有预习、听课、复习、总结、记笔记、做作业、考试等，这些环节把握好了，就能为进一步获取知识打下良好的基础。

大学学习除了把握好以上主要环节之外，还要有目的地研究学习规律，选择适合自己特点的学习方法，提高获取知识的能力。具体说来，这些方法主要有：

第一，要制订科学的学习规划和计划。大学学习单凭勤奋和刻苦精神是远远不够的，只有掌握了学习规律，相应地制定出学习的规划和计划，才能有计划地逐步完成预定的学习目标。首先要根据学校的教学大纲，从个人的实际出发，根据总目标的要求，从战略角度制定出基本规划。如设想在大学自己要达到的目标，达到什么样的知识结构，学完哪些科目，培养哪几种能力等。大学新生制定整体计划是困难的，最好请教本专业的老师和求教高年级同学。先制定好一年级的整体计划，经过一年的实践，待熟悉了大学的特点之后，再完善四年的整体规划。其次要制定阶段性具体计划，如一个学期、一个月或一周的安排，这种计划主要是根据入学后自己的学习情况、适应程度，制定和安排学习的重点、学习时间的分配、学习方法如何调整、选择和使用什么教科书和参考书等。这种计划要遵照符合实际、切实可行、不断总结、适当调整的原则。

第二，要讲究学习的方法和艺术。大学学习不只是完成课堂教学的学习任务，更重要的是如何发挥自学的能力，在有限的时间里去充实自己，选择与学业及自己的兴趣有关的书籍来读是最好的办法。学会在浩如烟海的书籍中，选取自己必读之书，就需要有读书的艺术。首先是确定读什么书，其次对确定要读的书进行分类，一般来讲可分为三类，第一类是浏览性质，第二类是通读，第三类是精读。浏览可粗，通读要快，精读要精。这样就能在较短的时间里读很多书，既广泛地了解最新科学文化信息，又能深入研究重要理论知识。读书时还要做到如下两点：一是读思结合，读书要深入思考，不能浮光掠影，不求甚解；二是读书不唯书，不读死书，这样才能学到真知。

第三，完善知识结构，注意能力培养。所谓合理的知识结构，就是既有精深的专门知识，又有广博的知识面，具有事业发展实际需要的最合理、最优化的知识体系。大学生建立知识结构，一定要防止知识面过窄的单打一偏向。总之，凡是将来从事的工作所需要的能力和素质，我们必须高度重视，并在学习的过程中自觉认真地去培养。

第四，做时间的主人，充分利用时间学习。

四、大学学习的三个主要阶段

大学阶段是开始系统掌握和运用专门知识的学习过程。大学本科的学习实际上可以分为三个阶段：第一阶段是由入学到完成普通教育课（公共课和基础课）学习；第二阶段是由进入专业基础课到专业课的学习；第三阶段是实习和毕业设计阶段。

在第一阶段，大多数本科学生的学习带有盲目性，既不了解本专业的情况，也不太了解学习这些基础知识究竟是为什么。一种最原始的学习动力就是知识本身的吸引力，经典的数学和物理学等所具有的严格科学体系，使不少胸怀大志的大学生领略到知识的奥秘。大学校园浓厚的学术空气使他们感到新鲜，感到对知识的渴求。大学教师严谨的授课风格和丰富的知识也往往使他们为之倾倒。在考场上一试身手，争取得到好成绩也是一些大学生学习的动力。

在第二阶段，大多数大学生已经适应了大学的学习环境，由于开始接触专业基础知识，此时会有两种不同的倾向。一种倾向是对专门知识的新鲜感觉，特别是了解到专业领域已经取得的辉煌成就，为自己将来成为该专业领域的一员而感到自豪。此时，学生会对专业基础知识和专业知识产生浓厚的兴趣，尽量运用已经掌握的基础理论来诠释本专业遇到的各种问题，尽可能用科学实验来验证所学理论的正确性，从而取得好的学习成绩，并且打下了牢固的专业基础，对专业知识更加深入地了解。在此阶段，大学生们需要调整自己的心态，使之适应专业基础课和专业课学习的特点。要理解不同领域知识固有的差别，要适应专业基础课和专业课相对分散的知识体系，要从将来所从事自动化事业的角度看待所学的课程，决不能按一时的兴趣进行取舍，更不能妄自菲薄，在学习上打退堂鼓。正确的方法是从将来应用的角度更多地了解本专业的课程设置和所学课程的基本内容，密切结合课程实验，培养专业兴趣，使得学习成为一种乐趣，而不是一种负担。只有这样，才能学好专业基础课和专业课。

第三阶段，属于集中性的实践环节，这一阶段在时间上往往安排在专业课学习之后进行（也有些学校把实习放在专业课学习之前，称为认识实习）。这一阶段的内容安排上不同于课堂教学，学生自主发挥的空间较大，学习时间的弹性也较大，而此时学生还面临着严峻的就业压力，因此经常有部分学生把握不好学习节奏或放松了对自己的要求，工作之后才恍然大悟，后悔虚度了本该在大学学习中收获最大的学习环节和最为综合、直接并实用的锻炼机会。

第三节　影响学习的因素分析

一、学习目的

为什么上大学？进大学之前很多人还有目标，但进入大学之后反而没有目标了，不知道自己将来要做什么。很多人都是为了拿一张文凭，还有就是为了家长而不得不读书，等等。

其实，在大学学习的最终目的就是系统地获知专业知识，锻炼能力，将来走向社会，适应社会，求存于社会，发展于社会。也就是说"学以致用"才是大学学习的最终目的。

大学生首先应该志存高远、目标远大，有正确的政治方向和高尚的情操，有强烈的事业心和责任心，诚恳、谦虚、团结以及自我批评和实事求是的精神则是事业成功的必要条件。大学生还要学会高瞻远瞩、勇于开拓。看清时代前进的方向，有创新的意识和勇气。成就事业就必须努力学习新知识，接受新经验，站在时代的前沿去观察事物、分析问题、解决问题。大学生虽然不是最富创造力的，但应该是最具创新胆识的人。大学生要一专多能，博学多才。要求存于社会，仅凭一技之长，也许可以，但要更好地发展，就需要博学多才。

二、学习方法、学习态度和努力程度

毋庸置疑，人存在个体差异，智力程度也不尽相同。但是，一批同时进入同一大学同一专业的大学生们在天资方面不会有太大的差异。倘若树立了正确的学习目的，具有充沛的学习动力，学习的优劣往往取决于所采用的学习方法、学习的态度和个体努力程度的不同。大

学生必须始终保持勤奋、严谨、认真、积极的学习态度，针对不同阶段所学课程特点的不同，采用与之相应的正确学习方法刻苦努力，才能学习好、提高快；否则只能事倍功半，不仅学习吃力，而且得不到好的效果。

三、环境及条件

社会环境影响着学习环境，大学是社会的投影，我国正在建立社会主义的市场经济，这从整体上对于我国社会经济的进步有着十分重大的意义。但同时各种社会思潮不断涌现、各种诱惑频繁出现，没有一双明辨是非的眼睛和一颗出淤泥而不染的心，很可能踌躇徘徊甚至误入迷途，影响自己的学习。此外，处于青春期的大学生如果不能妥善处理好感情问题与学习的关系，也是影响学习的一个重要因素。

学校的办学思路、管理水平、实验条件、师资状况等办学条件的好坏，也直接影响着教学效果和学生的学习效果。

第四节　学　好　理　论　课

对于自动化专业的大学生而言，理论课主要包括基础课和部分专业基础课。下面介绍学好理论课需要注意的几个方面。

一、精研教材和广泛阅读参考书

教材的选用是经过多方比较、认真选择的教学用书，同时课程进度和深度多以教材为蓝本，因此学习过程中教材是最重要的参考书籍。但由于理论类课程都有比较严谨的理论体系，而不同的书籍对此理论体系的叙述方式及涉及的内容又不尽相同。因此为了能够对这个理论体系有全面深入的了解，学生就需要阅读不同的书籍进行相互印证。特别是数学课程，工学类和理学类的数学教科书的教学内容差异很大，对理论的叙述方式差别也很大。对于一个工学类的大学生，如果不满足于课堂教学的内容，参阅理学类的教科书也能获益匪浅。当然，这需要根据个人的情况而定，平时学习已经感到吃力的学生则不宜大量阅读参考书。

二、大量练习

理论课程大都附有一定量的习题，严格准确地完成这些习题对加深理论本身的认识有不可替代的作用。学生做的练习越多，对理论的理解就越深入。在试做习题之前，一定要对有关理论内容，有初步的理解，不然欲速则不达。除了大量做习题之外，同学间相互讨论也是深入掌握理论课程内容的有效手段。因为理论课程有其固有的难点，个人的理解有时会出现偏差，通过集体讨论可以纠正错误理解或相互补充。这种讨论可以是教师组织的大范围讨论，也可以是几个同学的相互切磋。养成相互讨论的学风，对于日后积极开展学术交流都有不可估量的影响。

三、理论联系实际，演绎归纳并重

自动化专业的大学生和所有工学类大学生一样，学习理论的目的是为工程实践服务，而且大多数理论本身就产生于实践，理论联系实际是一个好的学习方法。只有把理论应用于实践，学生才能进一步理解理论的重要性和正确性。也只有通过实践，学生才能真正把实际问题与理论结合起来，进而把经验上升为理论。值得注意的是，许多理论课程采用的是演绎体系，即由一般到个别的过程。初学者往往在惊叹理论体系的严谨性之外，总是弄不明白怎么会得到这样的理论体系。因为这种演绎过程条理清晰、逻辑严谨，是掌握理论知识的正确途径；但是工程实践类的知识往往是归纳体系，即由个别到一般的过程。这种过程反映了人类掌握知识的真实过程，也是大学生日后从事科学研究和工程实践要掌握的基本方法。在学习理论课时，学生需要正确运用演绎方法和归纳方法，这样才有可能真正掌握科学的学习方法。

第五节　高度重视教学实践环节

前已阐明，在大学生培养目标、培养方案和培养计划中，实践环节占有重要位置，在自动化专业的教学中，实践性教学与课堂理论性教学同等重要，甚至更重要。要真正落实重视教学中的实践环节，应特别注意以下几点。

（1）重视对各种常用元件和工具的认知和使用，如各类测试用表、示波器、信号发生器、微型电机以及电子元件和常用集成电路块等。书本知识的培养并不能代替能力的培养，如果忽视动手能力的培养，将来只能是一个眼高手低的空头理论家，缺乏分析问题和解决实际问题的真本领。限于学习时间和教学资源，在大学学习期间各类课程实验及课程设计环节不可能很多，所以一定要特别珍惜。

（2）如何重视实践课呢？这就要求每个学生认真地准备实验，仔细地操作，然后经过思考和分析，得到一个比较全面的、符合科学规律的实验结果，并体现在自己的实验报告里。其中最主要的是独立操作、独立分析，以培养独立工作的能力和严谨的工作态度。在实验课中每个学生不能依赖别人，不能抄袭别人的结果，更不能偷工减料、弄虚作假。培养科学的态度和严格的工作作风是实验课的重要目的之一，特别是通过整套的实验训练学生可以从中了解如何进行科学实验，如何严格处理实验结果，如何从实验数据中得到科学结论等。

（3）特别重视计算机的应用和技能。具有熟练的计算机技能不仅是科学和技术发展的需要，也是考核当代大学生能力的一个重要指标。要熟练掌握计算机，包括对操作系统、编程语言、数据库、计算机网络等的熟练掌握，也包括对自动化领域各种计算机系统的了解，如办公自动化系统、工业过程分布式计算机控制系统、计算机辅助决策系统等。大多数大学生对于计算机的热情较高，特别对上网都比较感兴趣。此时特别要注意正确分配时间，正确掌握尺度，既要熟练掌握计算机，又不能沉溺于网络而不能自拔。

（4）重视面向实际解决问题。自动化是一个适应范围特别宽广、应用性很强的专业，包括由办公自动化到各种工业过程的控制，由机器人到各种空间飞行器，由简单的逻辑控制到复杂的智能控制等内容。因此，自动化专业的大学生特别需要重视面向实际，要有意识地注意工程实际中提出的各种问题，面向实际和爱好实践。在参观和生产实习中，一定要向工人师傅学习，向企业的工程技术人员学习，向各个领域的专家学习，学习实际知识，学会解决实际问题的能力，这可以缩短从大学学习后到实际工作间的客观存在的距离。有条件的学生还可以参与各种科技作品制作和学生科协组织的小型项目开发，这对锻炼解决实际问题的能力很有好处。

第六节　自动化专业大学生的就业方向与观念

一、自动化专业毕业生的就业方向

自动化专业以工业生产过程为对象，进行自动检测、自动控制及自动化管理方面的理论和方法研究，毕业生可在与自动化技术相关的研究院、科学院等科研机构，设计院、开发公司等技术开发和成套设计部门，工厂、企业、工程公司等工业生产部门，高等院校、培训中心等教育部门从事系统分析、系统设计、系统运行、系统维护及经营管理等工作，可从事计算机应用系统、自动控制系统、仪器仪表、管理与决策等部门的设计、开发、使用、维护、市场营销及业务管理等方面工作，具有较强的适应性和广阔的应用领域。

二、大学生就业状况与就业观分析

近代最具权威的高等教育本质三段理论是由美国社会学者马丁·特罗提出的"精英"、"大众"、"普及"的教育阶段论。根据马丁·特罗的理论，高等教育的毛入学率低于15%的属精英教育阶段，毛入学率大于15%小于50%的为大众化阶段，毛入学率大于50%的为普及化阶段。

20世纪末至21世纪初，我国高等教育的改革和发展取得了历史性的成就。高等教育实现了历史性的跨越，高等学校的毛入学率从1998年的9.8%提高到2004年的19%，进入了国际公认的高等教育大众化发展阶段。"十一五"期间我国高等教育毛入学率达到了25%。可见我国高等教育经过较短时间的大跨越已经快步迈入了大众化阶段。

但是，同一时期中等发达国家高等教育毛入学率平均水平已达40%，不少发展中国家都超过20%；美国高等教育毛入学率则已超过80%，日本、韩国也超过50%，已经进入了高等教育普及阶段。与之相比，我国高等教育实际上仅仅处于大众化教育的起步阶段。

从表面上看，两个阶段的教育似乎仅仅是数字上的差别，实际上两者的要求已有很大不同。从教育本身来讲，这种不同主要表现在，由于接受高等教育人数的大幅度增长，高校培养人才的目标和评价标准必然呈现出差异，知识、能力、结构三方面的要求的侧重点也应顺应调整，只有这样才能适应大众化教育背景下人才培养更加多样化的需求。同时，由于我国高等教育迈入大众化教育阶段极其迅速，社会可能普遍存在一种厚望心态，即仍然希望每一位进入大学学习者依然能够享受精英教育模式下的特殊关怀，事实上，这是难以做到的。相反，许多大学特别是一些基础较好、水平较高的重点大学，在大众教育背景下必须深入研究分层次办学问题，既推进大众教育，又顺应部分拔尖学生的教育要求，保持部分精英教育的特色，这实际上是由大众教育衍生出的一个难题，需要认真对待并下工夫解决。

高等教育形势的变化直接影响到毕业生的就业状况。从"皇帝女儿不愁嫁"时代的人才供不应求，到大众化教育阶段的大学毕业生"双向选择，自主择业"；从过去的统招统分，到今天的人才市场，巨大的变化往往使人们的心态难以及时适应。日益凸现的"就业难"问题已经开始困扰当今的大学生们。究竟真的是毕业生供大于求，还是其他因素的作用？为什么许多发达国家已经进入了大学教育的普及阶段，但没有像我国那样出现如此突出的就业难问题？其实，分析起来，大学生的就业观念存在的误区，是造成这一现象的直接原因。

一是攀比心理。在这种心理作用下，即使某单位非常适合自身发展，但因某个方面比不上同学选择的就业单位，就彷徨放弃，事后却后悔不已。

二是盲目求高心理。不顾及自己的实际情况，不给自己合理定位而盲目求高，最终导致不少大学生与适合自己的用人单位失之交臂。

三是不平衡心理。不平衡心理往往导致少数大学毕业生对社会、对人生产生偏颇看法。

四是自卑心理。有这种心理的大学生往往没有信心和勇气面对用人单位，不能适当地向用人单位展示自身的长处，从而严重影响了就业与择业。

五是自负心理。在这种心理支配下，往往是"这山望着那山高"，这个单位不顺眼，那个单位也不如意，从而错过不少适合自己发展的用人单位。

六是依赖心理。在择业就业时，往往不是凭自身思考来决断，而是依靠父母师长之意、师兄师姐之言进行取舍，表现出较强的依赖心理。

七是"走向极端"。不少毕业生对当前就业工作的形势了解不够，对有关政策规定认识不清。在找工作时，要么不加考虑，害怕找不到工作，急急忙忙地见单位就签；要么是不停地挑选，总希望还能有更好的，结果一次次失去良机。

八是"侥幸心理"。想靠运气、走"后门"，甚至靠请客送礼、弄虚作假找个单位就业。

转变就业观，岗位在眼前。大学生怎样才能找到合适的工作呢？当前大学生就业处于高峰，大学生就业首先一定要有一个正确的思想认识和择业观念，要把建功立业，创干一番事业放在首位，以国家需要和工作为重，到艰苦的环境中去磨炼；其次是对自己要有一个客观正确的估价，期望值不要过高或过低。对单位不要太计较，相信一切情况都在变；第三是以诚为本，要客观、真实、有重点地向用人单位展示自己的强项和特长，切记不要弄虚作假，搞欺骗；第四是要更新观念，多形式、多渠道的就业，克服"一次定终身"的就业观；第五是要有真才实学，常言道"洞中有粮，心中不慌"。只有学到了真本领，择业就业时才能游刃有余，掌握主动，找到自己满意的工作。

消除了就业观的误区，还要了解用人单位的用人观。企业选人最重视的是两方面的人，即管理型人才和技术创新（专业）人才。

一看学习能力。不同学校，学生的能力是不同的，学习能力强，发展潜力就大，所以同等条件下，学习能力强的占优势。从这方面讲，各学校对学生的学习能力的培养要投入。

二看成就愿望（这是动力机制）。看成就愿望主要看两方面：一是组织成就愿望，二是个人成就愿望，实际是看对工作生活目标的追求。如无支配人的愿望，当管理人员就不合适；学习好，但只是把它当作任务，就可能不要，因为企业要的是业绩；组织成就愿望很重要，只关心个人，出发点都是个人就不行；组织成就感强的，当管理人员就比较合适。

三看个性特征。个性无好坏，主要在于两点：一是了解个性是什么，喜欢什么，发展方向是什么，以便有意识地培养其向某一方向发展；二是对个性过于极端的予以淘汰，但也不能是中性、无特点的。关键是了解了特点好用人。

四看兴趣、爱好。这是个参考项目，不是淘汰与否的决定项目。一般来讲，有需要就会有兴趣，有兴趣就可能把事情做好。一事精，万事通，有一项兴趣，就值得造就。所谓复合型人才也是以一为主，其他为辅的。

五看有无综合素质。综合素质包括业务能力、处理人际关系的能力、组织协调能力、自我管理能力、有无创新的潜质。这里面也包括德的方面，一般要求是：能否把企业的利益放在第一位，个人利益要服从企业利益。才的方面叫得力，德的方面叫可靠。

对技术创新人才主要看：有无探索的欲望，有求变、求异的欲望，思维能力，动手能力和实际工作能力，基点是务实。

从上面几点看，企业的选才、用才，中心是成才率，而这些大都是非智力因素。

智商和情商是两种可用来衡量个人素质的关键因素，智商反映人的智慧水平，情商则反映了人在情感、情绪方面的自控和协调能力。

对哈佛大学一些学生进行的研究证明，在个人的成功中，智商只起 20％ 的作用，80％

靠的是社会环境、机遇，尤其是靠标准测试所没有考虑进去的那部分智力——情感智力。

专家表示，企业在招聘大学毕业生时，看重的并不是成绩单上的分数，而是他们处理问题的方式和融入企业的速度。目前，不少大学毕业生在求职过程中，主要欠缺三种情商：自我认识能力、为人处世和懂得感恩。

年轻人应该懂得关心，懂得爱护，懂得感谢，懂得自立，懂得付出，学会求知，学会做人，学会生存，学会发展。

参 考 文 献

[1] 韩璞，等. 火电厂计算机监控与监测. 北京：中国水利水电出版社，2005.

[2] 金以慧. 过程控制. 北京：清华大学出版社，1993.

[3] 陈来九. 热工过程自动调节原理和应用. 北京：水利电力出版社，1982.

[4] 韩璞，刘长良，李长青. 火电站仿真机原理及应用. 天津：天津科学技术出版社，1998.

[5] 杨献勇. 热工过程自动控制. 北京：清华大学出版社，2000.

[6] 边立秀，周俊霞，赵劲松，等. 热工控制系统. 北京：中国电力出版社，2004.

[7] 张栾英，孙万云. 火电厂过程控制. 北京：中国电力出版社，2000.

[8] 林文孚，胡艳. 单元机组自动控制技术. 北京：中国电力出版社，2004.

[9] 熊淑燕，王兴叶，田建艳，等. 火力发电厂集散控制系统. 北京：科学出版社，2000.

[10] 华东六省一市电机工程（电力）学会. 热工自动化. 北京：中国电力出版社，2000.

[11] 郑体宽. 热力发电厂. 北京：中国电力出版社，2001.

[12] 沈士一，庄贺庆，康松，等. 汽轮机原理. 北京：中国电力出版社，1992.

[13] 万百五. 自动化（专业）概论. 武汉：武汉理工大学出版社，1998.

[14] 黄焕椿. 发电厂热力设备. 北京：水利电力出版社，1985.

[15] 范从振. 锅炉原理. 北京：中国电力出版社，1986.

[16] 宋健. 中国科学技术前言：智能控制——超越世纪的目标. 北京：高等教育出版社，1999.

[17] 钱学森，宋健. 工程控制论. 北京：科学出版社，1980.

[18] 朱晓青. 过程检测控制技术与应用. 北京：冶金工业出版社，2002.

[19] 吴道悌. 非电量电测技术. 西安：西安交通大学出版社，2001.

[20] 王化祥. 自动检测技术. 北京：化学工业出版社，2004.

[21] 张宏建，蒙建波. 自动检测技术与装置. 北京：化学工业出版社，2004.

[22] 孙增圻，袁曾任. 控制系统的计算机辅助设计. 北京：清华大学出版社，1988.

[23] 韩璞，朱希彦. 自动控制系统数字仿真. 北京：中国电力出版社，1996.

[24] 肖田元，张燕云，陈加栋. 系统仿真导论. 北京：清华大学出版社，2000.

[25] 方崇智，萧德云. 过程辨识. 北京：清华大学出版社，1988.

[26] 李言俊，张科. 系统辨识理论及应用. 北京：国防工业出版社，2003.

[27] 胡跃明. 非线性控制系统理论与应用. 北京：国防工业出版社，2002.

[28] 孙德宝，王永骥，王金城. 自动控制原理. 北京：化学工业出版社，2002.

[29] 王立新. 模糊系统与模糊控制教程. 北京：清华大学出版社，2003.

[30] 李士勇. 模糊控制·神经控制与智能控制理论. 哈尔滨：哈尔滨工业大学出版社，1996.

[31] 赵振宇，徐用懋. 模糊理论和神经网络的基础与应用. 北京：清华大学出版社，1998.

[32] 王耀南. 智能控制系统. 长沙：湖南大学出版社，1996.

[33] 张化光. 复杂系统的模糊辨识与模糊自适应控制. 沈阳：东北大学出版社，1993.

[34] 舒迪前. 预测控制系统及其应用. 北京：机械工业出版社，1996.

[35] 何文光. 一类不确定参数系统的多模型自适应控制. 自动化学报，Vol. 14. No. 3，191 - 198，1998.

[36] 席裕庚，王凡. 非线性系统预测控制的多模型方法 [J]，自动化学报，1996，22（4）：456 - 460.

[37] 沈自钧，徐书蓂. 热工自动化仪表. 北京：电力工业出版社，1980.

[38] 何适生. 热工参数测量及仪表. 北京：水利电力出版社，1990.

[39] 刘金琨. 智能控制. 北京：电子工业出版社，2005.

[40] 韩曾晋. 自适应控制. 北京：清华大学出版社，1995.

[41] 胡寿松，王执铨，胡维礼. 最优控制理论与系统. 北京：科学出版社，2005.

[42] 符曦. 系统最优化及控制. 北京：机械工业出版社，2004.

[43] 于希宁，刘红军. 自动控制原理. 北京：中国电力出版社，2006.

[44] 王德进. H2 和 H∞优化控制理论. 哈尔滨：哈尔滨工业大学出版社，2001.

[45] ［日］细江繁辛. 系统与控制. 北京：科学技术出版社，2001.

[46] 涂序彦，王枞，郭燕慧. 大系统控制论. 北京：北京邮电大学出版社，2005.

[47] 戴先中，赵光宙. 自动化学科概论. 北京：高等教育出版社，2006.

[48] 吴启迪，樊留群，乔非，等. 面向新世纪的制造——CIM 的发展与变迁. 自动化博览，2001.2.

[49] 高桂彬. CIM 是制造业发展的必经之路. 自动化与仪器仪表，1998.2.

[50] 崔亚军. 流程工业中的 CIMS. 自动化博览，1998.3.

[51] 褚健，孙优贤. 流程工业综合自动化技术发展的思考. 清华同方，1007‐9483（2002）‐0024‐05.

[52] 邵惠鹤. 流程工业自动化发展趋向与先进控制技术. 自动化博览，2002.4.

[53] 王朝辉. 先进控制是流程工业自动化的关键. 电气时代，2002.1.

[54] CIMS 的应用示范工程. CIMS 论坛.

[55] 曹晓红. 流程 CIMS 的特点与技术. 自动化仪表，1998.12.

[56] 流程工业 CIMS 与离散工业 CIMS 的主要区别是什么. CIMS 论坛.

[57] 什么是 CIM 和 CIMS. CIMS 论坛 1.

[58] 实施 CIMS 会给企业带来怎样的效益. CIMS 论坛 19.

[59] 黄河清，俞金寿. CIMS 工程中实时数据库的实施策略. 自动化仪表，2002.2.

[60] DCS 在流程工业 CIMS 中起什么作用. CIMS 论坛 105.

[61] 基于现场总线技术的先进控制系统. 北京本末企业信息化研究所.

[62] 梁冬浩，赵建国，刘小勇. 现场总线控制系统 FCS 的应用与展望. 工业计量，2001.5.

[63] 刘宝坤，原明亭，申亚芳，等. 全数字现场控制系统 FCS 的初步研究. 工业仪表与自动化装置，1998.2.

[64] 曹江辉，王宁生. 制造执行系统现状与发展趋势.

[65] 王凌，王雄，金以慧. MES——流程工业 CIMS 发展的关键. 化工自动化及仪表，2001.4.

[66] 周华，杨建军，邓家鑫. 基于全能体的 MES 构建. 制造业自动化，2001.2.

[67] 王世刚，吕永杰，史宝玉. 基于 AMT 的检测监控系统及其误差分析. 齐齐哈尔大学学报，2002.3.

[68] 孙文杰. 引人注目的先进制造技术. 企业技术发展，1998.8.

[69] 崔亚军. 企业资源计划 ERP. 自动化博览，1998.2.

[70] 曾胜财，邬玉良. 流程工业 ERP，自动化博览，2000.2.

[71] 张海航. ERP——痛苦的欢乐颂. ENews.

[72] 企业实施 ERP 的难点与对策. 北京弗戈公司.

[73] 穆建伟. MIS＋SCM 双管齐下. BUSINESSTIMES，2001.8.

[74] 贺鸿鸣. 让 ERP 与 SCM 优化企业. BUSINESSTIMES，2001.7.

[75] 紫霞. 解读 CRM. BUSINESSTIMES，2000.10.

[76] 陈旭. CRM 综述. 计算机应用研究，2001.8.

[77] 张利，张建军，朱华炳，等. CIMS 环境下 PDM 与 CAD/CAPP 并行工程研究. 合肥工业大学学报，2000.4.

[78] 王建民，孙家广. 产品数据管理（PDM）技术及其应用. 电子展望与决策，1997.5.

[79] 孙优贤. 用工业自动化技术提升我国传统产业. 自动化博览，2002.2.

[80] 吴澄. 自动化技术发展的新机遇：以信息化带动工业化. 自动化博览，2002.2.

[81] 黄道. 流程工业 CIMS 和信息化进展与思考. 自动化仪表，2002.2.

[82] 孙喜田，刘枫，黄伟. 发展 CIMS 的几点思考. 自动化与仪器仪表，1999.4.

[83] 863/CIMS 主题专家组. 以信息化带动工业化实现制造业跨越发展——CIMS 主题 15 年成果综述. 电气时代，2001.5.

[84] 黄利平，李建民，陆润民. CAX、PDM、MRP Ⅱ 的信息集成. 计算机辅助设计与图形学报，2000.12.

[85] 牟岩君，赵凤春. 面向 CIMS 环境的信息分类编码及其在 PDM 中的实现. 信息技术，2000.9.

[86] 宋俊德. 我国的企业需要 CRM. 电信技术，2001.5.

[87] 魏耀华. CRM 的建立与客户服务. 电信建设，2002.1.

[88] 王航. 电力行业 e-CRM 的挑战和实践. 国际电力，2002.1.

[89] 刘文富，姜健. 倍达公司 CIMS 的实施与体会. 自动化博览，2001.9.

[90] 王凌，王雄，金以惠，等. 流程工业 CIMS 体系结构的探讨. 自动化博览，2002.2.

[91] 熊刚. 流程工业 CIMS 中综合优化问题的研究. 计算机工程与应用，2000.11.

[92] 黄河清，俞金寿. 流程工业 CIMS 与离散工业 CIMS 的多方位对比. 华东理工大学学报，2001.10.

[93] 刑邦圣. CIMS 技术及其发展. 煤矿机械，2001.7.

[94] 王凌，王雄. 流程工业 CIMS 设计的若干要点. 计算机工程与应用，2002.10.

[95] 高秀兰. 我国计算机集成制造系统 CIMS 的现状及前景展望. 现状·趋势·战略，2002.8.

[96] 徐洪学. CIMS 概述. 辽宁师专学报，2001.3.

[97] 陈俊杰. 自动化专业学生综合素质培养模式探索与实践. 中国教学纵横杂志，2003.7.

[98] 戴先中. 自动化科学与技术的内容、地位与体系. 北京：高等教育出版社，2003.

[99] 朱永新. 中国教育蓝皮书（2004 年）. 北京：高等教育出版社，2005.

[100] 韩璞，罗毅，周黎辉，等. 控制系统数字仿真技术. 北京：中国电力出版社，2007.

[101] 张培华，王俊刚，李铁苍. 数字化电厂的设计与分析. 中国电力，2007.12.